LAS CONSTELACIONES DEL CRISTO

¡LOS CIELOS NARRAN SU OBRA DE SALVACIÓN!

Fernando Castro Chávez

Copyright © 2018 Fernando Castro Chávez

All rights reserved.

ISBN-13: 9781720272717

DEDICATORIA

A mis hermanas y sobrinos:

"**Los cielos cuentan** (*sapperim: reiteran*) **la gloria de Dios y el firmamento anuncia la obra de sus manos... En ellos puso tabernáculo** (*ohel: los doce signos del zodiaco, es decir, los de la eclíptica y sus constelaciones relacionadas*) **para el sol; y éste, como esposo que sale de su alcoba** (*chuppah; v.gr. de Virgo*)..."
Sal. 19:1 y 4b-5a (Lo alaba y nos enseña David, ~ 1040 - 966 A. C.)

"**Y fue lanzado fuera el gran dragón** (*instante representado en la constelación de "Draco", alrededor de "Polaris" donde él quería estar*), **la serpiente antigua, que se llama Diablo y Satanás, el cual engaña al mundo entero. Fue arrojado a la tierra y sus ángeles fueron arrojados con él** (*aproximadamente un tercio de las constelaciones representa a ese dragón y a sus huestes, siempre derrotadas, siempre cayendo...*)"
Ap. 12:9 (narra Juan, ~ 6 - 101 D. C.)

CONTENIDO

Dedicatoria, iii
CONTENIDO, iv
AGRADECIMIENTOS, 1
Prólogo, 2
Introducción uno
    Los cielos permanecen y alaban a Dios pero no son ni astrología ni horóscopos, 4
LIBRO PRIMERO
    CRISTO EN LAS CONSTELACIONES ECLÍPTICAS, 3
Cuadro de las tres divisiones de ángeles, 11
01. **CAPÍTULO 1**
    Virgo sale entre agosto y septiembre, 16
02. **CAPÍTULO 2**
    Teknon o Libra se ve entre septiembre y octubre, 21
03. **CAPÍTULO 3**
    Vemos al Gran Dragón Rojo o Scorpio entre octubre y noviembre, 28
04. **CAPÍTULO 4**
    Sigue el Jinete cayendo del caballo o Sagitario entre noviembre y diciembre, 36
05. **CAPÍTULO 5**
    La constelación del Falso profeta o Capricornio la vemos entre diciembre y enero, 42
06. **CAPÍTULO 6**
    La constelación del Ángel derramando su copa o Acuario la vemos entre enero y febrero, 48
07. **CAPÍTULO 7**
    La constelación de las Espadas o Piscis la vemos entre febrero y marzo, 52
08. **CAPÍTULO 8**
    La constelación de Aries la vemos entre marzo y abril, 55
09. **CAPÍTULO 9**
    La constelación de Tauro la vemos entre abril y mayo, 58
10. **CAPÍTULO 10**
    La constelación del Lobo o Géminis la vemos entre mayo y junio, 63
11. **CAPÍTULO 11**

LAS CONSTELACIONES DEL CRISTO: *¡Los cielos narran su obra de salvación!*

    La constelación del Asna o Cáncer la vemos entre junio y julio, 66
12. CAPÍTULO 12
    La constelación de Leo la vemos entre julio y agosto, 70
13. CAPÍTULO 13
    Conclusiones eclípticas y algo más, 74

LIBRO SEGUNDO

CRISTO EN LAS CONSTELACIONES NO ECLÍPTICAS, 83

Introducción dos, 84
14. CAPÍTULO UNO
    Las estrellas están allí para dar entendimiento, 85
15. CAPÍTULO DOS
    El sujetador de serpientes y aplastador de dragones, 89
16. CAPÍTULO TRES
    Degollando a la serpiente que intenta robarse lo que le pertenece a Cristo, 93
17. CAPÍTULO CUATRO
    Ya herido aplasta la cabeza del dragón y lo arroja al abismo, 95
18. CAPÍTULO CINCO
    El cordero clava las dos espadas al corazón del gran monstruo marino, 100
19. CAPÍTULO SEIS
    El héroe frente al toro se esfuerza por vencerlo y también a la fiera mientras produce vida, 102
20. CAPÍTULO SIETE
    El héroe ha cercenado la cabeza del maligno, 104
21. CAPÍTULO OCHO
    El buen pastor apacienta a sus pequeños mientras el toro perfora su pie derecho, 106
22. CAPÍTULO NUEVE
    El barco trayendo a todos los de Israel al reino de Cristo, 107
23. CAPÍTULO DIEZ
    El héroe desde su caballo traspasa con su lanza al lobo, 109
24. CAPÍTULO ONCE
    Leo es el león de la tribu de Judá que vence a la Hydra y la arroja al abismo y entrega su carne a las aves voraces, 111
25. CAPÍTULO DOCE
    El rey de reyes Cefeo se sienta a reinar desde su trono con su pie derecho sobre Polaris y con un nombre nuevo en vestidura y muslo, 113
26. CAPÍTULO TRECE
    La flecha y el águila cayendo sangrante junto a las conclusiones de poder espiritual, 115

AGRADECIMIENTOS

A Dios, quien diseñó todos estos cielos para nuestro deleite y aprendizaje, y a todos aquellos que han tenido la dedicación de levantar sus ojos y de comenzar a indagar de lo que realmente tratan las estrellas conforme a la opinión divina.

Atentamente,

Fernando Castro Chávez

07/09/2018.

PRÓLOGO

Ya habiendo publicado antes con gran satisfacción mi breve "Astronomía del nacimiento de Cristo", quisiera ahora proseguir, mediante el presentar cómo es que el resto de las constelaciones narran la continuación de la historia de salvación, mostrándonos al Cristo como su principal personaje, ¡derrotando siempre a las huestes del mal!

Es un tema que excede la capacidad intelectual o de entendimiento de cualquiera por lo que es tan sólo una probada de la maravilla que todo eso contiene, como para despertar el interés del lector en el tema, y para que esté familiarizado con el verdadero sentido original de las constelaciones; en este libro se presentan sus nombres alternativos.

Con la misma sencillez y simplicidad que mi primer libro, en este básicamente expongo lo que presento en mis clases, como ya lo he hecho tanto en los E.U.A. como en Sudamérica y en otros lugares donde me puedan y deseen escuchar. Las ilustraciones que aparecen en este libro de las constelaciones las tomo del *SkyMap Pro 9* program.

Mis presentaciones en las que se basa este estudio se encuentran en (en donde también se puede observar sus transparencias, considerando a mi libro anterior como la parte primera, aquí les entrego para su consideración mis partes segunda y tercera compiladas en un solo volumen, como ya también lo hiciera con mis presentaciones que compilé en otro de mis libros astronómicos acerca de: "Las aguas de arriba": https://youtu.be/cAW3kiesNGk y https://youtu.be/VMzndWIMLD8): https://youtu.be/oleazr2Javc. He Decidido dividir esta exposición en dos partes: El libro primero es "Cristo en las constelaciones eclípticas" y el segundo es "Cristo en las constelaciones no eclípticas".

Fernando Castro Chávez

10 de septiembre del 2018

LIBRO PRIMERO:

CRISTO EN LAS CONSTELACIONES ECLÍPTICAS

INTRODUCCIÓN UNO

Los cielos permanecen y alaban a Dios pero no son ni astrología ni horóscopos

Esta vez quisiera comenzar con un Salmo que nos habla de la permanencia de las cosas que hace Dios; en este caso, de las que vemos desde la tierra en el cielo estrellado de la noche:

> "**Para siempre** (*aiona*), **Jehová, permanece tu palabra** (*logos*) **en los cielos**" Sal. 119:89.

En esta escritura, el sentir de "para siempre" que literalmente es en el griego de la Septuaginta "eon" y en hebreo es "olam", lo que significa "hasta la era venidera"; lo que quiere decir que en el futuro, cuando existan los "Nuevos Cielos", va a seguir habiendo estrellas pero con una nueva configuración, ya que las cosas viejas van a estar consumadas, como cosas del pasado, teniendo ya al Adversario en derrota confinado con sus otros dos más cercanos colaboradores demoniacos (el espíritu del falso profeta y el del falso Cristo) en el lago de fuego.

Luego vemos que aquí "palabra" es "Logos", y en hebreo es "Devarecha", y consta de todo el mensaje completo de Dios.

Además, vemos lo que nos dice otro Salmo acerca de lo que para nosotros están haciendo esos cielos allá arriba:

> "**Celebran** (*exhomologesontai*) **los cielos tus maravillas** (*thaumasia*), **Jehová**" Sal. 89:5a.

La palabra griega elegida en griego para eso de "celebran" es algo larga, y significa que de común acuerdo todos los cielos declaran las maravillas del Dios fiel; el hebreo, cuya raíz es *"yadah"* está más en el contexto del ¡alabar por esas mismas maravillas!

En la siguiente transparencia pongo a la estrella "Polaris" (la estrella alfa de su constelación) y guía de los navegantes; y allí vemos que dicha estrella está ligeramente "fuera de foco" de lo que sería el preciso norte celestial. Lo que yo concluyo es que esto está así, junto con el ligero retraso de los años (el cual nosotros compensamos con los años bisiestos, agregando cada cuatro años un día extra a febrero: el 29), debido a que ante la rebelión de Lucifer el universo de aquel entonces quedó todo cubierto por agua, y esto causó dichos daños, como cuando un reloj de oro cae dentro del agua y que aunque se limpie y seque su mecanismo, queda propenso a un ligero daño debido a la humedad, que se expresaría con cierto retraso…

Es decir, que hasta donde entiendo yo, en los "Nuevos cielos" ya no habrá estas y muy ligeras "imperfecciones".

Luego lo que vemos es un par de sorprendentes fotos a lente abierta en las que se observa el desplazamiento de las estrellas durante un tramo de la noche en un cielo despejado y se observa que todas ellas giran alrededor de "Polaris", siendo esta última la única que se ve como si fuera un punto que permanece en el cielo sin translación aparente como todas las otras. Esto la distingue como única.

Y ahora que mencioné esto de "aparente" he de decir que el significado espiritual de las constelaciones y estrellas es solamente aparente desde la tierra, ya que desde cualquier otro punto del universo no se verían exactamente igual que como las vemos desde la tierra, por lo que aún cuando son una ilusión óptica visible desde el punto de vista terrestre, dada su constancia y permanencia mientras exista la tierra y las condiciones de este universo actual (que hasta donde entiendo yo la Biblia es el "Segundo cielo", habiendo sido el "Primer cielo" aquel del tiempo de los dinosaurios que quedó bajo las aguas que inundaron al universo inicial y de menor tamaño que el actual que sigue en expansión).

Luego vemos parte de un Salmo que le ofrece epígrafe a esta obra, y que ya exploramos a más detalle en mi primer libro, el que dice:

"Los cielos cuentan (*sapperim: reiteran*) **la gloria de Dios…**
Por toda la tierra salió su voz (*qaw wam: su línea: ¡la eclíptica!*) **y hasta el extremo del mundo sus palabras. En ellos puso tabernáculos** (*ohel: casas de campaña*) **para el sol… y su curso hasta el término de ellos.**
Nada hay que se esconda…" Sal. 19:1, 4 y 6b.

Y en la transparencia con la que ilustro esta porción de escritura trazo los límites de una supercarretera celestial de la que no se salen los planetas ni la luna ni el sol, ni tampoco las estrellas más significativas y brillantes de las constelaciones que integran a los doce signos del zodiaco, la cual es llamada la "eclíptica" o el paso del sol, y dentro de ella se ve en formación de los siguientes cuerpos celestes: Marte, Saturno, Régulo, Venus, Mercurio, el Sol y la Luna, estando juntos estos dos últimos, ya que se trata de un eclipse total de sol por intervención de la luna observado en China.

Entonces, la escritura que estamos considerando nos muestra que el Sol tiene un lugar específico para llegar cada mes, y es como nuestro punto de referencia principal, ya que en base al sitio que éste va recorriendo en el cielo, es lo que vamos viendo de las constelaciones, y una diferente cada mes. Siendo el curso que sigue el sol, precisamente esa "eclíptica" o "línea" celestial que antes mencionáramos como una supercarretera.

La escritura que presento aquí es muy importante dado que es preciso hacer una distinción entre lo que es genuino y lo que es falso, ya que los cielos nos presentan la narrativa de la historia de la humanidad pasada, presente y futura desde el punto de vista divino, el cual es el determinante; pero además, enfatizando aquello que es importante para Dios, ya que aún entre algunos creyentes se da el deseo de leer los cielos a diario, tratando de interpretar lo que en ellos está sucediendo, pero lo que yo pienso de ello es que lo primordial es el observar lo que Dios nos enfatiza que observemos, para así evitar estar perdiendo el tiempo con otras cosas, que aunque seguramente están siendo narradas por los cielos de cada día, al menos Dios no las está considerando como de gran trascendencia.

Yo diría entonces, en base a esto, que solamente por una revelación especial dada por Dios a aquellos que lleguen a ser conocedores de estas cosas que veremos a continuación, que hasta ese momento, el énfasis de todos nosotros respecto a las cosas astronómicas de Dios ha de ser el descriptivo de lo que Dios ha hecho y que hará según lo que Él mismo ya Escribió en los cielos, en vez de intentar arrancar algo "predictivo" para el mundo actual, algo que tal vez aún no esté allí...

De allí la vital importancia de tener una conexión directa con Dios a cada día, es decir platicar con Él y esperar Su respuesta. Al menos su revelación en los cielos, una vez bien comprendida, es imposible de que sea adulterada como han intentado hacerlo mentes e intereses mezquinos con las escrituras bíblicas que ya tenemos aquí sobre la tierra.

> **"No sea hallado en ti quien haga pasar a su hijo o a su hija por el fuego, ni quien practique adivinación, ni agorero** (*onen: observador de los tiempos, v.gr.: viendo los cielos para predecir "la suerte" de individuos o naciones*)**, ni sortílego, ni hechicero, ni encantador, ni adivino, ni mago, ni quien consulte a los muertos. Porque es abominable para Jehová cualquiera que hace estas cosas, y por estas cosas abominables Jehová, tu Dios, expulsa a estas naciones de tu presencia"** Dt. 18:10-12.

Todas estas cosas abominables que aquí se describen las cometía todo el mundo pagano antiguo, desde Egipto hasta América, desde China hasta la India, todo él, excepto aquel Israel que le era obediente a Dios (que a veces era contado con los dedos de una mano).

Pero dentro de esta lista de cosas infames vemos que a Dios le desagrada que la gente intente consultar su suerte o la de su nación en base a observar los cielos y hacer especulaciones acerca del significado de los mismos, sugestionando con ello a los oyentes, en vez de dirigirse directamente a Dio y consultarlo a Él.

Entonces, aquí Dios está prohibiendo la astrología, los horóscopos así como la adivinación por cualquier otro método que no sea dirigirse a Él, incluyendo Su rechazo de cosas como el tarot, la "*ouija*", la bola de cristal, lectura de la mano, del café, del té, etc., etc., cosas que más bien se prestan para el manejo de los demonios que son todos ellos una sarta de mentirosos.

Otra escritura que prohíbe todo aquello es la siguiente, en la profecía de Isaías en contra de los más adeptos a las supersticiones astrológicas, los de Babilonia:

> **"Vendrá, pues, sobre ti un mal cuyo origen no conocerás… »Persiste ahora en tus encantamientos y en la multitud de tus hechizos… Comparezcan ahora y te defiendan los**

contempladores de los cielos, los que observan las estrellas, los que cuentan los meses, para pronosticar lo que vendrá sobre ti. He aquí que serán como el tamo..." Is. 47:11a, 12a, 13b, 14a.

Eran tan abundantes estas supersticiones en Babilonia que había "Caldeos" especializados en diferentes cuerpos celestes, había los que observaban los movimientos de los planetas y los que se centraban en los estados de la luna... y dice que todos ellos van a ser cual "tamo", es decir que han de quedar en la nada junto con lo falso y vano de sus especulaciones...

"«No aprendáis el camino de las naciones ni tengáis temor de las señales del cielo, aunque las naciones las teman. Porque las costumbres de los pueblos son vanidad: cortan un leño del bosque, luego lo labra el artífice con su cincel..." Jer. 10: 2-3.

Dice aquí claramente que aunque otros estén temerosos de las interpretaciones fatales que se hacen de las señales de los cielos que no hay que temer, ni siquiera si toda una nación las creyera y las temiera, y luego dice una vez más que todo esto es "vanidad", semejante a lo ya dicho antes de que sus practicantes quedarían en la nada como el "tamo".

Luego viene algo tremendo, ya que compara a estas cosas astrológicas con las idolatrías de los pueblos, que de un trozo de madera hacen un ídolo y luego se postran a eso para pedirle favores, de nuevo, en su intento consciente o inconsciente de prescindir de Dios, de dejar de lado a Dios, quien sería el único en realidad capaz de decirnos la verdad y de sacarnos de todo peligro.

Como yo he deseado que cada número de capítulo coincida con el orden en el que el signo del zodiaco va apareciendo en la eclíptica del sol, bien se pudiera comenzar a leer este libro a partir del capítulo 13, y de allí regresar al capítulo 1, o cotejar lo que allí en el trece se ve en su conjunto, con lo que cada signo va señalando en lo particular en su respectivo capítulo, lo cual allá se integra como en un todo.

El libro que ha resultado ser mi apoyo principal para todos estos estudios es el clásico de E. W. Büllinger (E. W. B.) titulado *"The Witness of the Stars*" ("El testimonio de las estrellas", y él a su vez se basó en otros dos libros previos, hechos respectivamente por Dr. Seiss y por Frances Rolleston). Sin embargo, en este trabajo he querido mejorarlo aún más para alinearlo lo más posible con el texto y con las profecías bíblicas, mucho ayuda también el preguntarle directamente a Dios a cada momento, y el estar atento a Sus respuestas. Pero como siempre, queda abierto a mejoras, dado que yo pudiera haberme quedado corto en mi atención de lo que Él me decía, o haber pasado por algún lapso de distracción o cansancio; entonces, y aunque yo he hecho mi mejor esfuerzo, dejo a su atenta consideración este trabajo y digo que siempre está sujeto a un mayor entendimiento y detallado, pero siempre de la mano de Dios y no de las fantasías.

Al estudiar la Biblia me he dado cuenta que las constelaciones tienen un simbolismo flexible según la necesidad y las circunstancias pero aquí en los nombres que he elegido, he preservado el más reciente para nosotros, principalmente basado en el Apocalipsis, que es un friso de profecía astronómica.

E. W. Büllinger señala que las primeras cuatro constelaciones corresponden al tema de la primera venida de Jesucristo, el redentor y el tema que domina es el de sus sufrimientos: **1)** Virgo (la nación de donde procede el Mesías y la madre de Jesús, María) y sus tres constelaciones derivadas (a las que los antiguos también llamaban "decanas", las cuales complementaban la historia principal y cuyos nombres y constelaciones en función de la principal se observan en su respectivo capítulo); **2)** "Libra" (el "Teknon", Jesús llegando al mundo) y sus tres constelaciones asociadas; **3)** "Scorpio" (el "Gran Dragón Rojo", la causa del sufrir de Cristo) y sus tres asociadas; y **4)** "Sagitario" (Jesús entregando su vida, figurativamente representado en su caída al haber la serpiente mordido el talón o calcañar del caballo que el Salvador montaba), y sus tres constelaciones relacionadas.

Luego E. W. B. señala que el segundo libro trata acerca de los redimidos, y yo añadiría que son las dificultades que sufren los creyentes en Cristo de los tiempos del Apocalipsis (ya que esto había sido revelado en parte, pero no así a era de gracia en a que ahora nos encontramos), es decir, lo que sucede mientras Jesucristo se encuentra en los cielos, sus seguidores han de ir escapando del engaño del "Falso Profeta" y de la marca de "La Bestia", así como los castigos que Dios propinará a los incrédulos de esa época con copas de ira y con espadas, para finalmente ver al Mesías venir como un cordero vencedor: **1)** Capricornio (que yo interpreto como el "Falso Profeta", es decir "El que Miente") y sus tres constelaciones asociadas fuera de la eclíptica; **2)** Acuario (que yo veo como un "Ángel derramando una de las copas de la ira de Dios") y sus tres constelaciones; **3)** Piscis (que yo descubro que representa las espadas blandidas por Simeón y por Leví en su asesinato de la nación de Siquem); y **4)** Aries (que representa al Salvador derrotando al adversario).

Completando su cuadro, para E. W. B., el último libro celestial trata de la segunda venida del redentor, Cristo Jesús, es la gloria venidera: 1) Tauro y sus tres constelaciones acompañantes; 2) Géminis (que bíblicamente corresponde al "Lobo" de la tribu de Benjamín, figura representativa de "Satán", aquel "Lobo" con piel, a veces de "oveja" y a veces de "pastor", el que también se disfraza de "Ángel de Luz"), y sus tres constelaciones que la acompañan; 3) Cáncer (que bíblicamente es el "Asna" y su pollino que montará Jesús en su entrada triunfal final como Rey de reyes al principio de su milenio como gobernante del mundo entero) y sus tres constelaciones; y para terminar, 4) Leo (cuando Jesús toma su poder plenamente), con sus tres constelaciones que concluyen este maravilloso libro celestial.

Finalmente, y para completar esta introducción, quisiera señalar que cuando presentaba esto en los E.U.A. me vi inspirado a entender esta escritura como diciéndome que era adecuado dividir a las 12 constelaciones principales en tres grupos de cuatro y lo mismo con sus 36 constelaciones restantes, para darnos un total de 16 constelaciones por grupo debajo de los tres grandes Arcángeles que había desde el principio (dejo esto a su consideración); la base de esta manera de pensar me la dio la siguiente escritura:

"Su cola arrastró la tercera parte de las estrellas del cielo y las arrojó sobre la tierra…" Ap. 12:4a."

Entonces, los tres grupos a considerar serían los siguientes (las primeras doce, de la eclíptica, se numeran en el orden en el que van apareciendo durante el año); cuadro tentativo con los tres tercios de ángeles originales:

Cuadro de las tres divisiones de ángeles: Mensajeros, Guerreros y Luciferianos

Arcángeles originales y sus huestes representadas en el cielo		
Gabriel	*Miguel*	*Lucifer (hoy Satán)*
1) Virgo (Doncella)	4) "Sagitario" (Jinete que Cae)	3) "Scorpio" (Dragón)
2) "Libra" (Teknon: Pequeño)	6) "Acuario" (Ángel Derramando Copa)	5) "Capricornio" (Falso Profeta)
8) Aries (Cordero)	7) "Piscis" (Espadas)	9) Tauro (Toro)
11) "Cáncer" (Asna)	12) Leo (León)	10) "Géminis" (Lobo Mayor)
Comah (Mother and Child)	Bootes (Jesús)	"Victima" (o "Lupus": Lobo)
Corona Borealis	"Centaurus" (Jesús)	Serpens
Cruz	Ofiuco (Sujetador)	Draco
Lyra	"Hércules" (Jesús)	Delphinus
Andrómeda	Ara	Piscis Austrinus
Casiopea	Orión	Cetus
Canis Minor	Pegasus	Lepus (Lobo Menor)
Eridano	El filo de las espadas	Canis Major
Auriga	Cefeo	Sagitta
Ursa Major	Perseo	Hydra
Ursa Minor	Crater	Aquila
Argo	Corvus	Cygnus

Y desde luego que este cuadro, hasta ahora netamente experimental, está sujeto a mejoras, y tal vez alguna que otra de estas constelaciones, ante un mejor escrutinio y entendimiento de las mismas, pudiera ser intercambiada de lugar con otra. Por ejemplo, el sistema solar en grupos de tres (excluyendo al observador): **Gabriel**: Sol, Luna y Mercurio; **Miguel**: Venus, Marte y Júpiter; **Satán**: Saturno, Urano y Neptuno, nos indica que los cielos claman por el establecimiento de Nuevos Cielos pues esto va quedando obsoleto, ¡ya que hoy vemos al Cristo como representado en Venus: el jefe de Miguel y de Gabriel!...

Como aquí veremos, entoncesz, las únicas constelaciones que han conservado sus nombres ancestrales originales son solamente cuatro, lo que nos indica el gran esfuerzo del Adversario de Dios por ofuscar este tema en lo más posible.

Éstas son las únicas cuatro entonces que preservaron su nombre y sentido originales, por orden: 1) Virgo, sus tres constelaciones relacionadas (y esto es tan importante para todas ellas que en las conclusiones lo vamos a repetir de manera ordenada con sus nombres bíblicos) son (con sus nombres internacionales actuales para ubicarlas en el cielo, aunque sean o me parezcan erróneos (entrecomillados), como lo veremos, ya que están contaminados por las mitologías de los hombres): "Coma", "Centaurus", Böötes y su tribu de Israel es: Zabulón; 2) Aries, sus tres constelaciones relacionadas son: "Cassiopeia", Cetus, "Perseus" y su tribu de Israel es: Gad; 3) Taurus, sus tres constelaciones relacionadas son: Orion, "Eridanus", Auriga y sus sub tribus de Israel son: Efraín y Manasés (hijos de José) y 4) Leo, sus tres constelaciones relacionadas son: Hydra, "Crater", Corvus y su tribu de Israel es: Judá.

Luego vemos que hubo también cuatro que conservaron la idea general del nombre o sentido de la constelación original pero ya con una distorsión, las cuales en orden son:

1) Scorpio, que aunque representa uno de los rasgos del adversario, no es precisamente aquel inicial que Dios quiso mostrarnos (y ya desde un principio, el hecho de ver a un animal por naturaleza no muy grande desproporcionadamente grande debería de alertarnos a que algo anda mal con esa representación), ya que según las proporciones es bastante diferente lo de un alacrán queriendo "devorar" al hijo de la mujer. Es más bien el verdadero y gran dragón rojo, el cual guarda las debidas proporciones para hacerlo; ésta constelación es entones en realidad: "El Gran Dragón Rojo"; sus tres constelaciones relacionadas son: Serpens, Ophiuchus, "Hércules" y su tribu de Israel es: Dan.

2) Sagitario, que aunque nos muestra mezclados por las influencias de las mitologías griegas los rasgos del caballo y su jinete en un centauro, no es tampoco el que Dios intentó de un jinete real y humano cayendo de su caballo que está reparando ante la presencia de una serpiente en el camino, siendo en realidad esta constelación la de: "El Jinete Cayendo del Caballo" ; sus tres constelaciones relacionadas son: Lyra, Ara, Draco y su tribu de Israel es: Aser.

3) Capricornio, que aunque nos muestra los rasgos de una cabra, de nuevo por las mitologías del pasado, la presenta mezclada con rasgos de pez, pero tampoco es lo que Dios quiso mostrarnos de la presencia del falso profeta atravesándose en el camino de los planes de Dios, concluyendo entones que esta constelación, según mi humilde entender actual, el cual siempre está dispuesto a profundizar más y mejor en las cosas para entenderlas con una mayor precisión posible, debería de ser la de "El Falso Profeta"; ; sus tres constelaciones relacionadas son: Sagitta, Aquila y "Delphinus", y su tribu de Israel es: Neftalí, y finalmente aquí en este grupo de las "medias verdades" le sigue:

4) Acuario, que aunque presenta a alguien derramando algo, en este caso ese alguien no es un humano normal, ni el líquido que está derramando es simple agua, sino que se trata proféticamente, conforme a Dios, de una de sus copas de ira que serán derramadas en los días del Apocalipsis; entonces esta constelación debería de ser la de "El Ángel Derramando Una Copa de Ira"; sus tres constelaciones relacionadas son: "Piscis Australis", "Pegasus", "Cygnus" y su tribu de Israel es: Rubén.

Entonces, si nos damos cuenta aquí, una de las posibles razones por las que se distorsionaron es que casi ninguna de ellas, si acaso alguna, es fácil de identificar con una sola palabra, pero intentémoslo; para este grupo: 1) "Rojizo" (para evitar decir "Dragón", evitando así que se confunda con "Draco", que está al norte), 2) "Jinete", 3) "Mentiroso", 4) "Ángel"; pero aún así me parece que se quedan cortas de su pleno significado, requiriendo siempre de más palabras para simplemente explicar su representación simbólica, ni que decir del sentido espiritual de las mismas.

Finalmente veremos las cuatro constelaciones que perdieron todo, desde su sentido original, hasta las sombras más remotas de su representación inicial:

1) Libra, aquí lo que ahora vemos es la representación de una balanza, pero por las palabras de la Biblia vemos que se trata del hijo que está saliendo precisamente de entre las piernas de Virgo, por o que representa a Jesús, aún las antiguas representaciones que tenemos estaban un poco distorsionadas pero no tanto como ahora, ya que entonces mostraban al sacrificio sobre el altar, lo cual es cierto y es lo que simbólicamente Jesucristo hizo por nosotros, pero el entendimiento inicial más natural es aquel de un varoncito naciendo del vientre de su madre; sus tres constelaciones relacionadas son: Crux, Lupus, Corona y su tribu de Israel es: Leví.

2) Piscis, aquí vemos algo también ilógico, ya que dos peces atados de sus colas por una cuerda, como que no es la forma normal o común de transportar a los peces, mientras que cuando leemos las escrituras con lo que nos encontramos es con que son dos espadas, las que blandieran Simeón y Leví en contra de los de Siquem que se habían circuncidado a petición de los mismos, tan sólo para ser traicionados por ellos mismos debido a que el príncipe de Siquem tuvo sexo prematrimonial con la hermana de ellos, Dina, pero estaba dispuesto honestamente a casarse con ella, y adoptar la religión judía con toda su nación, pero injustamente fue exterminado él y los varones de su nación a manos de éstos dos desalmados de Israel: Leví y Simeón, algo que su padre mismo Jacob reprobó durante toda su vida; sus tres constelaciones relacionadas son: "The Band", "Andromeda", Cepheus y su tribu de Israel es: Simeón.

3) Gemini, que aquí se representa como si fueran dos gemelos, pero eso tendrá algún sentido mitológico pagano, pero carece de sentido bíblico alguno, ya que según la Biblia, se trata de la tribu de Benjamín, la que era representada por un lobo, y en la constelación pareciera ser la cabeza de un lobo aullando, es decir con su boca abierta, pero lo que no me gusta es que entonces sería una de las pocas constelaciones que representaría a una parte en vez de al organismo o a la cosa completa, como casi todas las demás (excepto también por Tauro, representando la mitad del toro, y por la hoy llamada por las influencias mitológicas: "Pegaso", que tan sólo representa la primera mitad de un caballo alado, pero que, de nuevo bíblicamente no tiene nada que ver), entonces sería tal vez mejor imaginar al lobo completo retorcido en vez de sus puras fauces y cara, y tal vez las "Espadas" también estén fuera de proporción; en fin…; sus tres constelaciones relacionadas son: Lepus, Canis Major, Canis Minor y su tribu de Israel es: Benjamín.

4) Cáncer, pero díganme por favor: ¿qué carambas está haciendo en el cielo un supuesto y simple cangrejo con nombre de enfermedad?, esta me parece a mí que ha sido una distorsión garrafal; y ya vimos que cuando indagamos en las escrituras se trata de un burro, o con una mayor precisión aún, una hembra asna con su pollino (dado el nombre de dos estrellas dentro de esa constelación, las cuales son llamadas el asno del norte y el asno del sur). Es entonces una representación de la entrada triunfal final de Cristo cuando ya viene para ser Rey de reyes y Señor de señores, repitiendo la escena que hiciera en vida de su entrada triunfal, pero esta vez para definitivamente ser coronado sin interrupción alguna; esto tiene sentido, especialmente porque las patas delanteras de la burra están aplastando la cabeza de otra de las constelaciones que representan las huestes del adversario: Hidra; entonces el nombre real de esta constelación es "Asna" (enfatizando a la madre, aunque hay que recordar que su crío también se encuentra presente en la constelación que es más cercano al nombre de sus dos estrellas: "Asellus", en vez de "Burra"), la que más les guste, pero no la de un "Cangrejo 'canceroso'" (y aquí diremos lo mismo que dijimos para "Scorpio", que el hecho de ver a un animal por naturaleza no muy grande representado como algo desproporcionadamente grande en las constelaciones a comparación del resto, debería de alertarnos a que algo anda bastante mal con esa representación del cangrejo), pero puedo ver cómo alguien de los gentiles, sin conocimiento bíblico y sin conexión con las verdades proféticas de Dios, pensó que su sentido original de "Burra" era también ofensivo o ridículo para él, ¡y entonces decidió cambiarlo por otro animal completamente absurdo y totalmente desligado de la tradición hebrea y de sus profecías!); sus tres constelaciones relacionadas son: "Ursa Minor", "Ursa Major", "Argo" (el Barco, hoy fragmentado en sus componentes, como se verá) y su tribu de Israel es: Isacar.

Ahora, todos estos sentidos proféticos que aquí doy no son los únicos sentidos que esas constelaciones representan, ya que como hemos visto, cada una representa a cada una de las tribus de Israel y sus rasgos más característicos, así como de otros sentidos de profecías más específicas para la nación de Israel, aparte de su gran sentido global de profecía para todas las gentes del planeta.

CAPÍTULO 1

Virgo sale entre agosto y septiembre

La primera constelación por la que comienza la lectura de este libro astronómico que describe al Salvador del mundo es la de Virgo, la cual nos narra acerca de su nacimiento.

El recorrido astronómico como nos lo presentan los programas computacionales científicos va de derecha a izquierda, como la lectura original del hebreo.

Al comenzar es bueno recordar que los nombres ancestrales de las estrellas contienen en sí mismos verdades y revelaciones proféticas que al unirlos para cada constelación son como el equivalente verbal de ese juego infantil en el que se nos daban puntos numerados en un papel, y que al ir trazando líneas de punto a punto (estrategia para que aprendiéramos a contar ascendentemente), uno de mis juegos infantiles favoritos, al final se descubría una persona, o un animal u objeto invisible antes de haber trazado esas líneas. Pues lo mismo sucede con las constelaciones al ir trazando uno a uno los nombres más antiguos de sus estrellas (principalmente los hebreos y los árabes).

Sin embargo, aquí no daremos todos los nombres conocidos de las estrellas de cada constelación, ya que eso haría este trabajo básico de divulgación muy extenso, más bien nos enfocaremos en los puntos clave.

Comencemos con la profecía estelar (sí, se deriva de estrella) de Virgo (en griego: "*Gynê*"):

> "Apareció en el cielo una gran señal: una mujer (*gynê*) vestida del sol, con la luna debajo de sus pies y sobre (*epi*) su (*autes*) cabeza una corona (*stephanos*) de doce estrellas (*asteron*). Estaba encinta y gritaba con dolores de parto, en la angustia del alumbramiento"
> Ap. 12:1-2

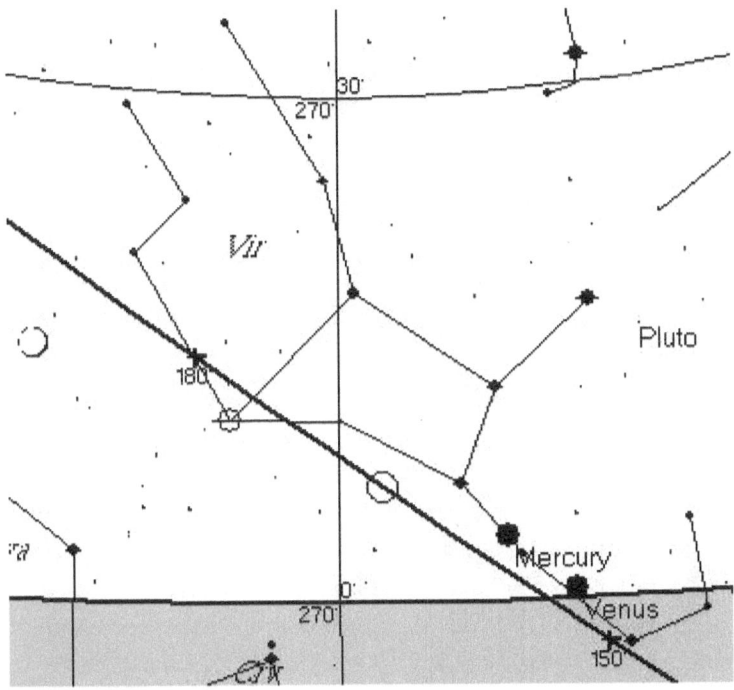

La constelación de Virgo instantes antes del nacimiento de Jesucristo, el que se efectuaría cuando su más brillante estrella "Semah" (Spica) tocara el horizonte, con la Luna nueva a sus pies y el Sol a sus espaldas

Y aquí, el sentido de "sobre su cabeza" as aquel de encabezar, como cuando se dice que una responsabilidad recae sobre alguien; y en este caso la corona, es aquella integrada por la eclíptica (la "línea" anual que recorre el sol, que al irse curvando integra un círculo, es decir una corona), la cual tiene engarzadas externamente en ella, adornándola, a las doce constelaciones que la integran, incluyendo a esta misma constelación de Virgo.

Otra cosa que se nos revela en estas escrituras es que Virgo es representada como estando embarazada (de allí la protuberancia que toca al horizonte) ¡y a punto de dar a luz!

Algunas estrellas representativas en sus nombres de esta clara constelación en nuestros cielos son: 1) Semah (Spica): el brote, el renuevo, la rama (el fruto del embarazo que está a punto de salir de ella); 2) Zavijaveh: gloriosamente hermosa (ubicada en la mano izquierda que se encuentra levantada, la mano que se conserva más fina y delicada); 3) Al muredin (Vindemiatrix): quien habrá de descender (representando a la mano derecha, la cual es la colectora de la cosecha, sea esta del grano de cebada, o de trigo, o aún la vid), 4) Syrma: el extremo inferior de algo (*v.gr.*: de una extremidad o de un vestido).

Además, cada constelación corresponde a una de las doce tribus de Israel, y cada una tenía un banderín característico con la representación de su constelación, Virgo (la "Doncella") le correspondía a Zabulón (el sexto hijo de Lea y el décimo hijo cronológico de Jacob, después del cual nacería una mujer: Dina, razón por la que sus hermanos Simeón y Leví asesinaron a los varones de Siquem, junto con el príncipe que la mancilló pero quien deseaba hacer lo correcto y casarse con ella); recuerdo que Zabulón es comparado a un puerto próspero por Jacob antes de morir, y se colocaba, según el diagrama que hace E. W. Büllinger en su libro indicado en la introducción, en la parte inferior del este, mirando al mapa desde arriba.

Aunque tampoco veremos en detalle a las tres constelaciones colaterales a esta primera constelación, la de Virgo fuera de la eclíptica, lo cual hace E. W. Büllinger con mayor detalle en su libro que menciono en la introducción, al menos he de mencionarlas: 1) Comah, significando inicialmente "el deseado" y 2) Bootes (o Arcturus, y así también se le llama a su más brillante estrella), lo que significa: "el que viene":

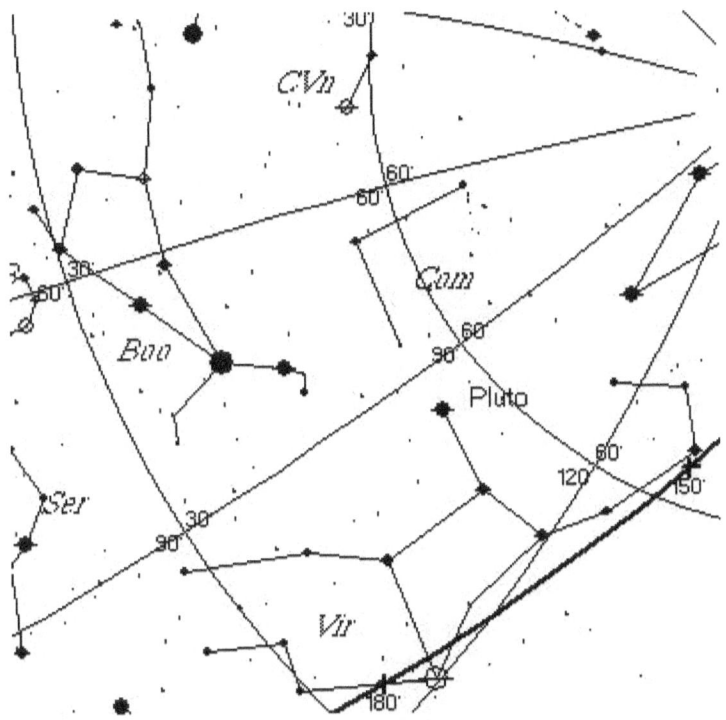

Las constelaciones dependientes de Virgo Comah (aquí *"Com"*, justo arriba de Virgo ("Vir"), y nada que ver originalmente con la absurda *"Cabellera de Berenice"*, sino con la madre sentada y el niño en su regazo) y Bootes (aquí: *"Boo"*, constelación grande, arriba a la izquierda) con su Arcturus

3) "Centauro", significando en realidad: "El que mata a la fiera":

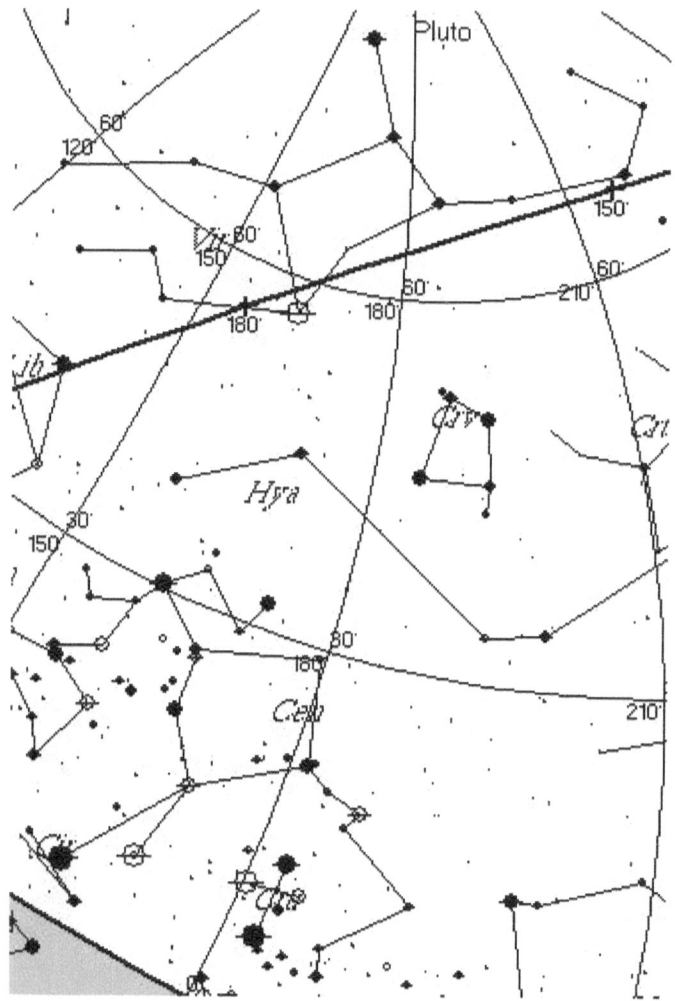

Tenemos a Virgo y a su última constelación dependiente: "El que mata a la bestia" (nada que ver con un mitológico "*Centauro*" mitad caballo y mitad humano, aunque así se le llama ahora, y en el dibujo se abrevia como "*Cen*", que es una constelación grande, abajo a la izquierda)

CAPÍTULO 2

El Teknon o Libra se ve entre septiembre y octubre

La escritura más adecuada para describir a esta constelación se encuentra precisamente en el mismo capítulo que la anterior, lo cual es lógico, ya que Juan nos está dando una profecía basada en el orden consecutivo de las primeras cuatro constelaciones:

> "...la mujer que estaba para dar a luz... Ella dio a luz un hijo (*teknon*) varón, que va a regir a todas las naciones con vara de hierro..." Ap. 12:4b-5a

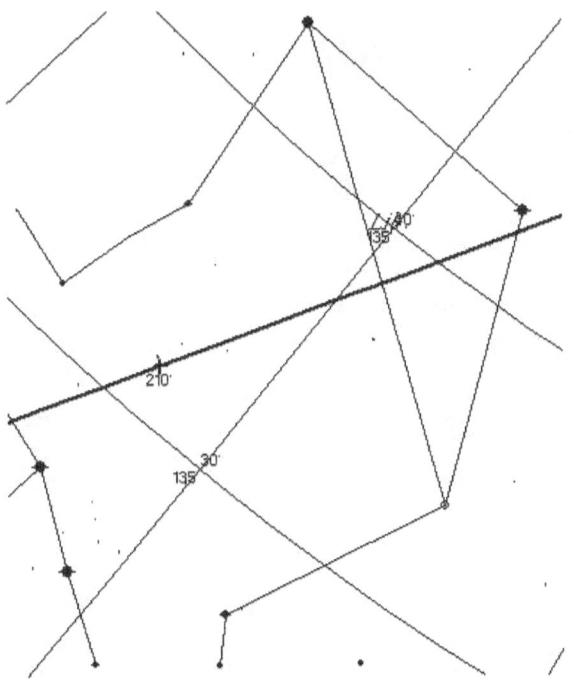

La constelación del "Teknon" (llamada actualmente "Libra": "Lib") según el Apocalipsis, siendo lo que nace de Virgo: ¡Jesús!

Entonces, lo que sale de Virgo es el pequeño o "*teknon*" en griego, que cuando E. W. Büllinger investigó, señaló que antiguas tradiciones lo llamaban el *"sacrificio sobre el altar"* o simplemente *"altar"*, y aún llegó a ser considerado un "cáliz", el cual aspiraba apoderarse el siguiente signo del zodiaco, como veremos, el cual representa al maligno.

A la tribu de Israel a la que corresponde esta constelación del "Teknon" o del "Pequeño", es a la de Leví (tercer hijo de Lea), y ésta tribu, así como su banderín o estandarte, se colocaba al mero centro del campamento, viendo al mapa desde arriba. Espiritualmente eso significa que eran los responsables, como la orden sacerdotal asignada por Dios para Israel, de preservar las profecías y todo simbolismo de la ley en función de la venida de Cristo, lo que no hicieron.

Astronómicamente, los cuatro puntos cardinales del campamento espiritual son un reflejo de los cuatro seres vivientes o querubines que están al servicio constante de Dios, y quedan así para el tiempo del Apocalipsis, con Dan, la serpiente, siendo reemplazado por el águila de José, mientras que Manasés ha tomado el completo control de la constelación del toro, al haber sido eliminado Efraín, y esto en complimiento total de la promesa a José de que siempre tendría "abundancia", aún de su presencia entre las tribus. Las removidas lo fueron por haber introducido la idolatría y esa será tan sólo una medida temporal, ya que al final serán restauradas:

"**El primer ser viviente era semejante a un león** *(el molde celestial de la tribu de Judá, al oriente: Leo)*; **el segundo era semejante a un becerro** *(el molde celestial de la tribu de Manasés, al occidente: Tauro)*; **el tercero tenía rostro como de hombre** *(el molde celestial de la tribu de Rubén, al sur: Acuario)*; **y el cuarto era semejante a un águila volando** *(el molde celestial de la tribu "de José" (la que reemplazó temporalmente a Dan), al norte)*"
Ap. 4:7.

Esto también nos lleva a pensar que así como Lucifer, que estaba precisamente en esa posición al norte como querubín cuando aún obedecía a Dios, al convertirse en serpiente dejó ese lugar vacante y otro querubín entró a ocuparlo, el de la apariencia de águila, por lo que Jesús ciertamente está más arriba que todos los querubines, estando a la diestra de Dios, los contempla desde lo alto hacia abajo. Entonces, así como Dan fue removido, así lo fue Lucifer, quien se volvió Satanás, he aquí la narrativa de esa remoción:

> "Tú, querubín grande, protector,
> yo te puse en el santo monte de Dios.
> Allí estuviste, y en medio de las piedras de fuego te paseabas.
> Perfecto eras en todos tus caminos
> desde el día en que fuiste creado
> hasta que se halló en ti maldad" Ez. 28:14-15.

Lo tremendamente impactante es que mientras Dan sí va a ser restaurado (aún cuando las posiciones de las tribus serán reubicadas o cambiadas), y lo dice el mismo profeta Ezequiel, siendo a la tribu que menciona primero como para resaltar su restauración: ¡no así con Lucifer!; aquí está la tremenda y profética restauración de Dan para los días del milenio cuando reine Cristo aquí abajo, sobre esta tierra:

> "Éstos son los nombres de las tribus: Desde el extremo norte por la vía de Hetlón viniendo a Hamat, Hazar-enán, en los confines de Damasco, al norte, hacia Hamat, tendrá Dan una parte, desde el lado oriental hasta el occidental... Al lado oriental tendrá cuatro mil quinientas cañas y tres puertas: la puerta de José, la puerta de Benjamín y la puerta de Dan." Ez. 48:1 y 32.

Si ustedes siguen leyendo allí se van a dar cuenta que para el reinado del milenio de Cristo, Judá o Leo que estaba al centro en el este pasa al centro en el norte (tomando ese lugar que Dan tenía y que luego José tomo temporalmente: "como volando"), luego Rubén o Acuario que estaba al centro en el sur pasa al norte a un costado de Judá y tomará su lugar Isacar o el Asna; Efraín estaba al oeste y ahora se funde con su hermano Manasés para integrar a José que estará al este, a un costado de Benjamín o el Lobo (quien va a tomar el lugar en el este que tenía Judá) que estará al centro: ¡y a su otro costado estará Dan!. Finalmente, el centro del oeste donde estaba el ya mencionado Efraín, será ocupado por Aser o "El jinete" (que ya no será necesario que sea representado como "cayendo"). En fin, esto es solamente para indicar que así como hay cambios radicales en el ordenamiento de las tribus, esto ha de ser reflejado en el cielo en el reordenamiento de las constelaciones según se verán en los "Nuevos cielos" desde la "Nueva tierra", posteriores al milenio de Cristo.

Otras escrituras relacionadas que ya no veremos de este

ordenamiento de los días de su peregrinar aparecen en Nm., capítulos 2 y 3, de allí vemos que la resonancia o correspondencia de la descendencia sacerdotal de Aarón tenía a Merari con 6,200 hombres orientados justo al norte, cerca de la tribu del norte que era Dan; Gersón estaba al poniente con 7,500 hombres, cercano a la tribu de Efraín en aquel tiempo; y Coat estaba al sur con 8,600 hombres, cercano a la tribu de Rubén, pero aquí ya no abundaremos más en esto.

Ahora, la razón por la que Leví es el dueño de esta constelación es porque otro de los nombres que se le daban es "El sacrificio sobre el altar", como en la siguiente escritura:

"**...Pondrán ...el holocausto sobre tu altar**" Dt. 33:10.

Como lo hiciera antes para Virgo y sin entrar en mucho detalle, las tres constelaciones colaterales a esta segunda constelación, la del "Teknon" (hoy llamada "Libra", "La balanza"), que están fuera de la eclíptica, son: 1) Crux (la "Cruz del Sur") y 2) "Víctima", la fiera asesinada:

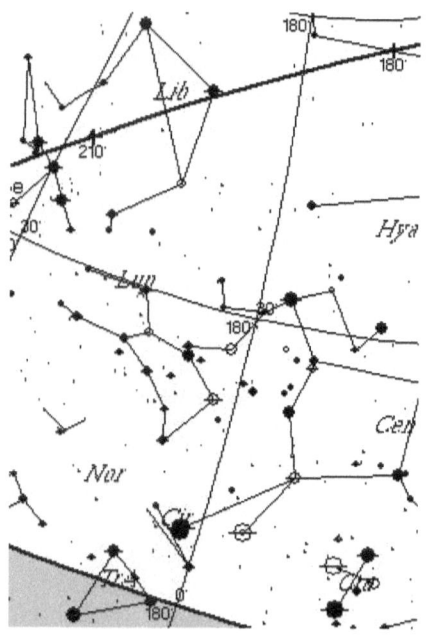

Constelaciones colaterales (o "Decanas") de el "Teknon" ("Lib"): la "Víctima" (justo debajo de "Lib": "Lup", de "Lupus"

o el "Lobo", que en este caso es el **Adversario**, a quien Jesús derrota con su muerte y resurrección), y la famosa y difícilmente visible en el hemisferio norte: **"Cruz del Sur"** (mero abajo a la derecha, casi no se ve su letrero, que dice: "Cru"), que representa precisamente los sufrimientos del Mesías dando su vida por nosotros

E. W. B. nos ilustra diciendo: "para "Libra", en Acad y Sumer, hace más de cuatro mil años, los meses eran llamados según los nombres de los "Signos del Zodiaco", el "Signo" del mes correspondiente a "Libra", era "Tulku". La palabra 'Tul' significa montículo y la palabra 'ku' significa sagrado. "Tulku" significa "Montículo sagrado"; o, "Altar santo"." Y es por eso que él elige esta escritura para dicha constelación:

"...Pondrán ...el holocausto sobre tu altar" Dt. 33:10b,d

Y obviamente ésta pudiera haber sido una de las representaciones, ya que ese bebé también llegaría a ser ese sacrificio. Luego él continúa diciendo:

"En el árabe, "Libra" originalmente era "Al Zubena": "compra", o "redención." En Copto era "Lambadia", "Estación de propiciación" (de "Lam", "gracia", y "badia", "rama")."

Además, pongo en la transparencia la representación clásica del símbolo para esta constelación, que en realidad nada tiene que ver con unas balanzas sino con una línea horizontal, y encima de ésta una línea con una protuberancia hacia arriba en medio, que bien pudiera ser el bulto de un bebé, o como lo dice el nombre antiguo, un montículo sagrado: Ω.

E. W. B. nos muestra además dos antiguas representaciones de un alacrán, cómo hoy se representa al símbolo que viene, alcanzando con sus tenazas este símbolo, el cual allí se representa con un cáliz, y dice: "El "Scorpio" y (allí se ve una copa, evidentemente conteniendo aceite y una mecha para mantener la llama encendida, porque allí se le llama:) la "Lámpara" (de una piedra delimitadora eufratea)"

Y finalmente, su poderosa constelación asociada de: la 3) Corona (la "Corona Borealis"):

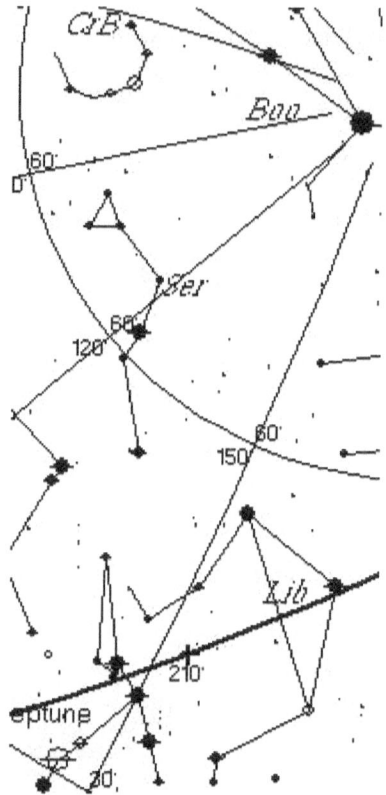

El Teknon, hoy conocido como "Libra" ("Lib") y la posición relativa de una de sus más bellas constelaciones: la "Corona Borealis" (abreviada "CrBr"), la cual, la serpiente (de la que solamente se ve la cabeza, y se abrevia "Ser") que está siendo retenida por las manos del sujeta-serpientes (Jesús) intenta con toda su fuerza de apoderarse de esa corona

Y esta mujer de "Virgo", no solamente representa a María y su momento preciso del parto, sino que también representa a la nación de los creyentes de Israel de los tiempos futuros del Anticristo, ya que dice.

"**La mujer huyó al desierto, donde tenía un lugar preparado por Dios para ser sustentada allí por mil doscientos sesenta días**" Ap. 12:6.

LAS CONSTELACIONES DEL CRISTO: *¡Los cielos narran su obra de salvación!*

Esto es tremendo porque este tiempo de su escondite corresponde a los tres últimos años y medio de la persecución del demonio Abadón, metido dentro del cuerpo inerte o muerto del Anticristo, de aquellos que son de Cristo, especialmente a los que son de Israel bajo la dispersión.

CAPÍTULO 3

Vemos al Gran Dragón Rojo o Scorpio entre octubre y noviembre

En este caso tenemos a la escritura que describe a este nefasto personaje, justo en medio de las dos anteriores para "Virgo" y su "Teknon" (su pequeño, es decir: Jesús):

"Otra señal (*semeion*) **también apareció en el cielo: un gran** (*megas*) **dragón escarlata** (*pyrros*) **que tenía siete cabezas y diez cuernos, y en sus cabezas tenía siete diademas. Su cola arrastró la tercera parte de las estrellas del cielo y las arrojó sobre la tierra. Y el dragón se paró frente a la mujer que estaba para dar a luz, a fin de devorar a su hijo tan pronto como naciera"** Ap. 12:3-4.

Y precisamente este dragón rojo está frente a la mujer, intentando devorar al bebé (al Teknon) Jesús tan pronto como naciera (a través de Herodes, un pelirrojo de la tribu de Esaú, también llamado Edom, quien intentó matar a Jesús cuando este tenía un año y tres meses, pero un ángel le libró, enviándolo con José y con María a Egipto), es lo que vemos representado allá arriba en el cielo. Pero si siguen leyendo, se observa que fue y será derrotado una y otra vez por Miguel y sus huestes, y ya no se diga que también lo será por Jesús, pero que al verse que le va a quedar muy poco tiempo en sus manos, va a intentar con todo a destruir a ese remanente de la nación del Israel del futuro que creerá en Jesús como su Señor, pero que Dios hará que la tierra misma abra sus fauces para devorar el agua que Satanás mismo intentará arrojar para ahogar a la ciudad de creyentes escondida en el desierto por Dios.

Nótese que aquí se habla de siete diademas (símbolos de autoridad, delgadas cual guirnaldas) sobre sus siete cabezas.

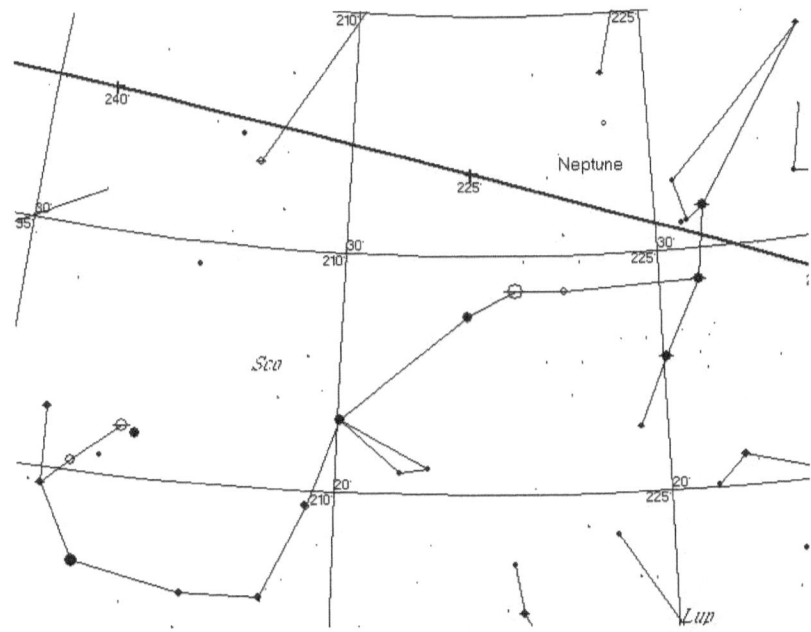

El "Gran Dragón Rojo" ("Sco") que estuvo atento desde el principio en su fallido intento por eliminar al Mesías desde que éste era pequeño (de un año y tres meses), hasta el final, cuando fuego descienda del cielo para consumir a todos los humanos que engañados lo seguirán en el futuro, y él será finalmente arrojado al gran lago de fuego y azufre

¿Y por qué "rojo"?, se preguntarán; bueno, es precisamente porque de todas las constelaciones de la eclíptica, también llamadas "Signos del zodiaco", es la única que posee una gran estrella roja, variable (que cuando se habla de "variable" en el cielo, normalmente se trata de dos estrellas que orbitan una alrededor de la otra y viceversa, siendo la variabilididad visible desde la tierra el alejamiento o aproximación de las mismas, la una a la otra, lo que se refleja con disminución y crecimiento, respectivamente), llamada "Antares".

En otra de mis transparencias se observa que la ubicación de Antares corresponde al área del corazón de este dragón con siete cabezas; luego comparo las dimensiones de Antares con otras estrellas, siendo ésta de 300 R (y como subíndice de la R se observa a un círculo con un punto enmedo), y cómo punto de comparación se dice que la distancia de ésta a la órbita de Marte es de 325 R, luego compara su gran tamaño con otros diez cuerpos celestes, que son, de menor a mayor: 1) Sirius B: 0.01 R, 2) Próxima Centauri: 0.03 R, 3) Barnard's Star: 0.07 R, 4) Júpiter: 0.1 R, 5) ¡Nuestro "Sol"!: 1 R (que es el estándar o punto de referencia), 6) Sirius A: 2 R, 7) Vega: 4 R, 8) Capella: 10 R, 9) Arcturus (la cual es la única que aparece en las dos listas): 23 R (que equivale a unos más de 20 millones de km de radio), y 10) Mira: 80 R. Luego vemos en otro comparativo que Betelgeuse se encuentra en un tamaño entre Antares y Mira, así como Aldebaran y Rigel, mpas cercanas a la segunda en tamaño, luego "Pollux" muy semejante a Capella.

E. W. B. aquí nos ilustra, diciendo: "En acadio "Scorpius" era llamado "Gir-tab": "El usurpador"; en Copto era: "Isidis": "El atacante"; en árabe: "Al aterah": "El que hiere al que viene"." Y es precisamente de éstos nombres que se le interpretó en aquellas culturas, ya olvidadas de la revelación divina inicial, cómo si fuera un alacrán.

Luego algo bastante interesante, y es que los chinos consideraban a ésta constelación de "Scorpio" como si fuera, precisamente la del "Dragón", indicativo de que preservaron una tradición ancestral aún más antigua, y leemos que: "El Dragón …es uno de los doce animales del ciclo de 12 años que aparece en el zodiaco chino en relación con el calendario chino. El año del Dragón está asociado con el símbolo de la rama (¡del brote o renuevo!) terrenal (¡al que quiere devorar!). Y luego alguien tiene la opinión inversa (y errónea conforme a la Biblia), ya que un investigador académico ha propuesto que el símbolo del "Dragón" es en realidad un escorpión, el cual fue simbolizado por un tiempo con la estrella Antares."

Un versículo del A.T. que claramente se refiere a esta constelación es el siguiente:

"**Será Dan serpiente junto al** (*ale, en hebreo, que más propiamente significa: "en_el"*) **camino, víbora junto al** (*ale, "en_el"*) **sendero**…" Gn. 49:17

Por lo que, juntando la revelación del principio con la del final, tenemos que de Génesis a Apocalipsis la presencia del Adversario es así trazada como siendo "Scorpio" en realidad una "Serpiente", la serpiente antigua, y un "Dragón", el gran dragón rojo (o escarlata).

Luego se ven múltiples representaciones en las que se le ven múltiples cabezas a ese dragón con cuerpo de serpiente enroscada (tanto en publicaciones inglesas como francesas, en una de ellas dice: "*Étoiles formant la figure du Scorpion*"), el que cuando toca el horizonte pareciera como si caminara sobre él, avanzando de izquierda a derecha, y con cuyas cabezas intenta devorar al bebé recién nacido (el "Teknon" que hoy se conoce como "Libra").

A la tribu de Israel a la que corresponde este signo del "Gran Dragón Rojo" es a la de Dan (primer hijo de Bilha, esclava de Raquel, y quinto hijo cronológico de Jacob, es decir que éste y su hermano Neftalí, precedieron a los hijos de Zilpa, la sierva de Lea), la que fuera temporalmente borrada de Israel, como vemos en el Apocalipsis debido a que introdujo la idolatría a Israel, y ésta tribu, así como su insignia, se colocaba en la parte central del norte, justo arriba de Leví y viendo al mapa desde arriba. Espiritualmente eso significa que Dan era un recordatorio de Lucifer, quien había intentado derrocar a Dios, colocándose en el santo monte del norte, en este caso del norte celestial más allá de este universo, y más allá de las aguas que lo rodean, en el planeta y ciudad en donde mora Dios.

Una escritura pertinente es aquella en la que se ve surgiendo en el horizonte, como salida del mar a la gran serpiente antigua (representando también a un gobernador: al Anticristo y a una nación: su nueva Babilonia) establecerse como una potencia en el mundo, y dice así:

"Me paré sobre la arena del mar y vi subir del mar una bestia que tenía siete cabezas y diez cuernos: y en sus cuernos tenía diez diademas, y sobre sus cabezas, nombres de blasfemia." Ap. 13:1.

Aquí vemos que el dragón celestial ha tomado ahora una encarnación terrenal en un gobierno y en un gobernante, ambos despiadados en contra de Dios, se dice aquí que sobre sus cabezas había nombres de blasfemia, y se especifica que sobre sus diez cuernos había diez diademas. Entonces, ese Anticristo gobernante, representado por el cuerpo del dragón o gran serpiente, va a estar en control sobre siete grandes regiones del mundo, cuatro de ellas, por ser menores en tamaño que las otras van a ser gobernadas por un solo rey o "cuerno", y las otras tres restantes, por ser más grandes, serán gobernadas, cada una por dos "cuernos", luego si ustedes siguen indagando, el octavo "cuerno" proviene del séptimo (indicando con esto que el cuerpo será el mismo para ambos, pero que un poder diferente al del Anticristo controlará al cuerpo de este, y por eso será un "nuevo" ser, cuyo poder interior será el del demonio que ahora está preso pero que será libertado por un poco de tiempo en los años del Anticristo, y se le ordenará entrar y poseer al cuerpo muerto del Anticristo).

En Norteamérica se tiene representada a esta constelación con un gran caimán (al no estar ellos familiarizados con la idea del "dragón"), por ejemplo, mediante un relieve ¡de barro!, en un lugar llamado la "Alta colina" ("*High hill*" en Granville, condado de Licking, Ohio; con el más temprano dibujo del mismo siendo de 1848, realizado por Squier y Davis y en 1881 otro dibujo del mismo realizado por De Haas para el *Natl. Antropol. Arch.*, del Instituto Smithsoniano, representando la cola con una espiral de cuatro giros concéntricos), en cuyo lugar tenemos el siguiente escrito que dice: "Ohio, Marcador histórico: "En este abultamiento yace uno de los dos montículos con grandes efigies construidos por las gentes prehistóricas de Ohio. Aquí mostrado, el "Montículo del Caimán" es una gran escultura de barro (*earthen*) de algún animal con cuatro patas con una larga, curveada cola. Arqueólogos creen que el animal quizás sea una zarigüeya o una pantera, pero no un caimán. El trabajo de barro es aproximadamente 250 pies de largo (unos 76.2 metros), 76 pies de ancho (unos 23.2 metros) y cuatro pies de alto (1.22 mts). Así como el montículo de "La gran serpiente" en el Condado de Adams, Ohio, el "Montículo del Caimán" no es un montículo de sepultura. Las obras con tierra construidas por las gentes de Hopewell entre los años 100 A.C. y 400 D.C. se encuentran tres millas (4.8 km) al este. Los eruditos no saben quien construyó el "Montículo del Caimán", pero éste pudiera ser el trabajo de los Hopewell" (escrito por la "Comisión del bicentenario de Ohio", "*La empresa Longaberger*", la "Sociedad histórica del condado de Licking" y la "Sociedad histórica de Ohio", 1998 [8-45]).

Luego agrego la transparencia de ésta constelación según los

Mayas, la cual es también la de un alacrán (pero, desde el sur visto al revés (de derecha a izquierda) que como lo vemos nosotros en el hemisferio norte que es de derecha a izquierda), luego se ve que a su izquierda está la forma en que ellos representan a "Libra" (o el "Teknon" o "Bebé"), que es sorprendentemente ¡con un árbol frondoso sobre el cual se posa un ave: la cual es nuestra "Corona Borealis"! (y es curioso que también como un ave representaban los egipcios y los romanos a la misma constelación de esa corona), finalmente, los mayas representan a "Sagitario" como un guerrero con taparrabos en cuclillas ¡disparando con una cerbatana (al ave que se encuentra dentro del follaje de aquel árbol)!

Lo que se pudiera considerar aquí es que el bebé, al que la Biblia lo llama también "El brote" o "El renuevo" (*Semah*, como se llama la más brillante estrella de Virgo a punto de salir o de nacer), aquí los Mayas ya lo están representando como un árbol grande y frondoso (¡cómo un árbol de vida!, donde se ve posada un ave de hermoso plumaje).

A continuación presento las ilustraciones con las que Ptolomeo ¡removió la constelación hoy llamada "Libra" y en su lugar colocó las supuestas tenazas frontales (las llamo *"Chelae"*) del "alacrán" (cual si fueran las garras del usurpador)! Y luego muchos dibujos de mapas y planisferios celestiales representaban a esas mismas pinzas frontales como posándose en las balanzas de "Libra".

Aquí en este momento recuerdo con dos ilustraciones que la mitología griega preservó la idea de "Las doce labores de Hércules" para explicar las doce constelaciones de la eclíptica solar, pero nos damos cuenta aquí que Hércules en realidad representa a o debería de ser Jesucristo, nuestro salvador. Una de esas "labores" fue la de Hércules (también llamado Héracles) derrotar a la hidra de múltiples cabezas (al que la Biblia describe como el gran dragón rojo con siete cabezas), la cual le mordió causándole la muerte.

Las tres constelaciones colaterales, en el caso de la tercera constelación, la del "Gran Dragón Rojo" (hoy llamado "Scorpio"), que están fuera de la eclíptica, son: 1) Serpens (la "Serpiente"), 2) "Ofiuco" (el "Subyugador de Serpientes", que de nuevo es una representación de Jesucristo, quien con sus dos manos sujeta a una serpiente que intenta apoderarse de la "Corona Borealis" y con su pié aplasta el corazón del "Gran Dragón Rojo", que está sobre la eclíptica):

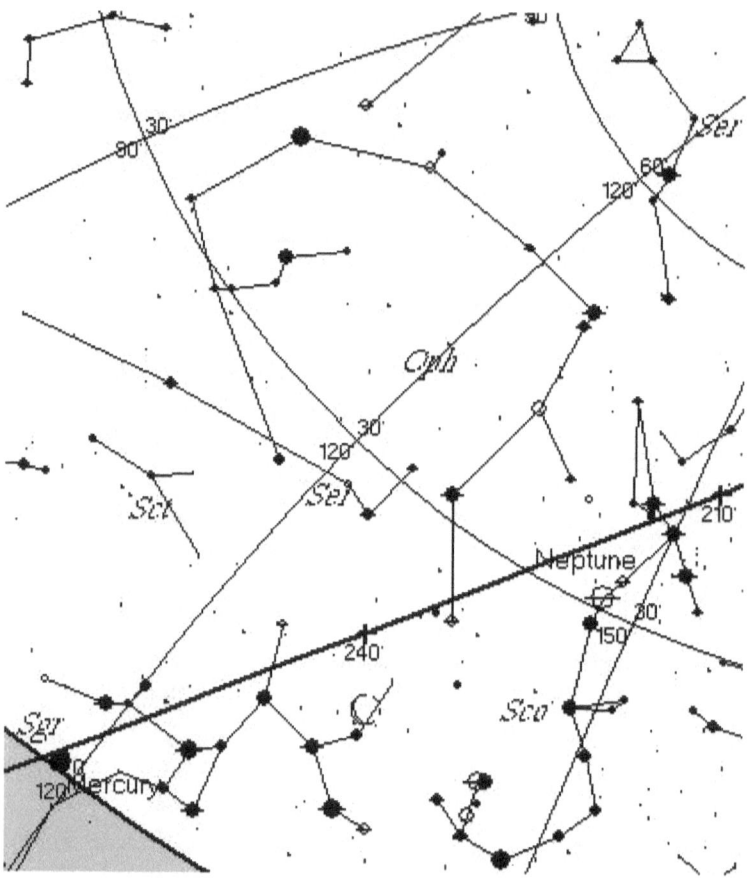

"Scorpio" ("Sco"), que es el "Gran Dragón Rojo", el enemigo de Dios, está siendo aplastado por el pié izquierdo de Ofiuco ("Oph", que representa primero a Cristo y luego a nosotros), mientras que el pié derecho del héroe está siendo mordido por una de las siete cabezas de dicha bestia; Ofiuco además está sujetando entre sus manos a una serpiente (Ser), que es la misma que ya vimos antes que intenta apoderarse de la corona que le pertenece a Jesús (la cual no se ve en esta foto), esta imagen le pareció tan poderosa a E. W. B. que fue la que precisamente él utilizó como portada de su libro

Así como 3) Hércules (que más adecuadamente podría ser

llamado: "Jesús"), quien aplasta la cabeza del dragón, la de "Draco" (otra representación del Adversario), y lo está arrojando al lago de fuego y azufre (pero aquí solamente entra "Hércules", ya que "Draco" corresponde al siguiente grupo de constelaciones, como lo veremos):

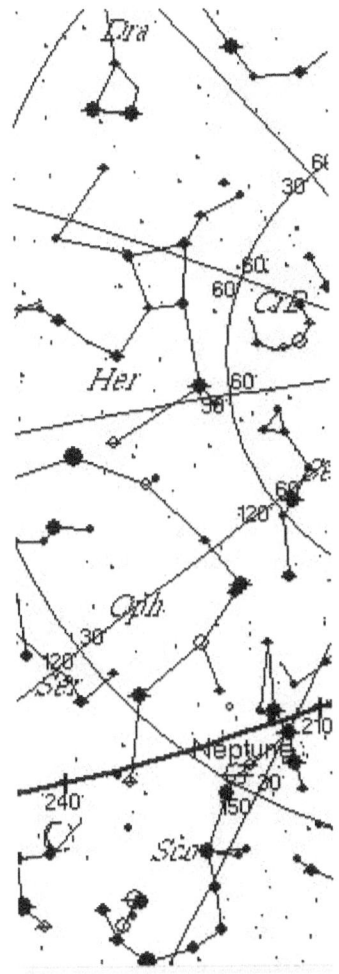

Esta figura nos da una idea aproximada de la distancia que existe entre Scorpio ("Sco", el "Dragón Rojo") y su constelación relacionada: Hércules, la que en realidad representa a nuestro Señor Jesús aplastando la cabeza de la otra representación del "Dragón Rojo", llamada Draco, a quien también está el héroe arrojando a su destino final: el lago de fuego y azufre

CAPÍTULO 4

Sigue el Jinete cayendo del caballo o Sagitario entre noviembre y diciembre

La escritura que más claramente corresponde a esta constelación hay que buscarla en las palabras proféticas de Jacob dando su profecía astronómica a la tribu anterior, la de Dan, referente a la constelación que está después de ella, y que corresponde a la siguiente tribu: la de Aser. En la vida real, fue la tribu de Dan la que indujo a la idolatría al resto de sus tribus hermanas:

"**Será Dan serpiente junto al** (en el) **camino, víbora junto a la** (en la) **senda, que muerde los talones del caballo, y hace caer hacia atrás al jinete**" Gn. 49:17.

Y así, justo como verbalmente lo describió Josué, así es como se ve en el cielo la constelación de "Sagitario", como un jinete cayendo de su caballo que ha sido mordido en las patas delanteras por una serpiente en el camino, es decir, por el gran dragón de la eclíptica solar.

Y así también era como los antiguos de Babilonia y de Egipto representaban a esta constelación.

A la tribu de Israel a la que el signo de Sagitario pertenece es a la de Aser (segundo hijo de Zilpa, esclava de Lea, y octavo hijo cronológico de Jacob), y ésta tribu, así como su insignia, se colocaba en la parte superior, o del norte, a la izquierda, mirando al mapa desde arriba.

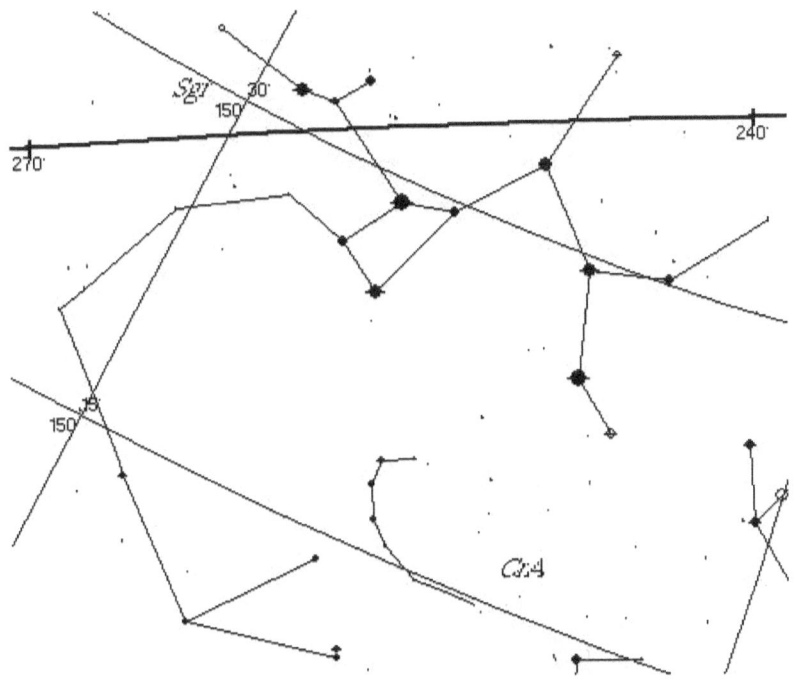

Aquí vemos a Sagitario, que bíblicamente en realidad corresponde al "Jinete Cayendo del Caballo", el que como dice la profecía acaba de ser mordido en su calcañar, alusivo a la entrega de la vida de Jesús por nosotros; una serpiente es la que acaba de morder al caballo en sus patas delanteras

Un estandarte de la tribu anterior, de la de Dan, nos muestra a una serpiente en el camino y un caballo blanco reparando, el cual trae montado a un guerrero con su larga espada en la mano derecha y su escudo en la izquierda, trae también casco y armadura.

Luego se observan los fascinantes nombres de algunas de las estrellas de este "Jinete que cae": La que normalmente representan como la parte alta del arco es en realidad la cabeza del caballo, ya que su nombre es: "Polis" que significa "Potro", otra se llama: "Manubrium" (en la parte central del jinete): "La agarradera" (o "El asidero", que es la soga al cuello del caballo de la que se agarra el jinete para controlar a la bestia y para no caer), otra "Al kaus" (al frente del caballo): "La flecha", otra "Al warida" (en la parte del pecho del caballo): "El que viene", otra "Terebellum" (en la parte de los muslos del animal): "Enviado con rapidez"; otra "Nunki" (al centro del jinete: "El príncipe de la tierra"), etc.

Las tres constelaciones colaterales de esta cuarta constelación, la del "Jinete Cayendo" (hoy llamado "Sagitario"), y que están fuera de la eclíptica, son: 1) Lyra (el "Arpa") y 2) Draco (otra representación del Dragón, es decir, del Adversario, siendo derrotado por Jesucristo), de quien es aplastada la cabeza por parte de "Hércules" (otra representación de Jesucristo), quien lo está arrojando al lago de fuego y azufre:

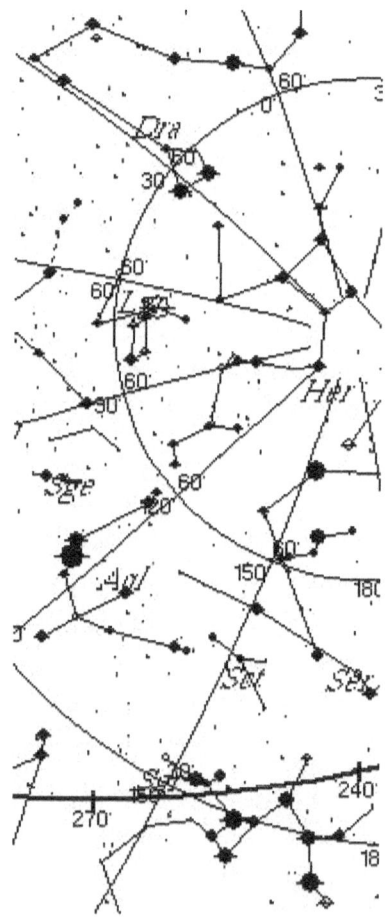

Lo que en esta larga figura observamos de nuevo es las distancias que hay entre estas constelaciones pertenecientes a un mismo grupo, abajo está un fragmento de Sagitario ("Sgr"), mientras que mero arriba se puede observar casi toda la constelación de Draco ("Dra"), mientras que Lyra (Lyr) se encuentra justo más abajo que Draco y hacia la izquierda, a la izquierda también de Hércules (Jesús)

Luego, en mis transparencias muestro cómo es que aún los altorrelieves coloreados de los egipcios ya representaban erróneamente a la constelación hoy conocida como "Sagitario", que es el jinete que cae (tal y como lo profetizó Jacob), y lo representaban como un mitológico centauro, mitad caballo macho y con el torso de un humano, se le ven también alas al cuerpo del caballo y la parte de atrás de la cabeza del egipcio que trae arco y flecha es el rostro de un león (luego se ve un búho justo encima de las alas que está ligado de su cola a la raíz del caballo a través de una especie de cordel con unas seis gruesas bolas terminando en una extensión que sujeta a esa cola del búho); ah, y el caballo está levantando las patas delanteras como si hubiera sido mordido por una serpiente; justo debajo de esas patas se ve una como charola o "u" bastante abierta y con los símbolos que hoy llamamos "mayor que" y "menor que", de izquierda a derecha a ambos extremos de esa abierta "u" (y tanto arriba como debajo de esta representación se ven jeroglíficos coloreados, dominando solamente el color azul sobre el gris de la loza de cemento).

Luego incluyo representaciones tanto asiáticas como árabes de dibujos de pergaminos antiguos en los que se ve, en ambos a "Sagitario" como un varón con sus características raciales respectivas, pero con un arco y flecha tratando de dispararle a su propia cola que se ha transformado en la cabeza de un chivo, para el primer caso, y de una especie de dragón para el segundo caso. En el primer caso se ve la representación de un macho cabrío con largos cuernos de tez blanca echado debajo de la constelación de ese peculiar "Sagitario", y en la otra, la árabe, se ve el alacrán arriba de la constelación de "Sagitario" (otro detalle es que el dibujo de la izquierda tiene la cola del lado izquierdo mientras que el de la derecha la tiene del lado derecho como imagen de reflejo de espejo de la otra; ésta segunda está llena de letras en árabe).

Algunos representan a esta constelación como si fuera una tetera, siendo entonces allí la parte superior el jinete, y el resto el caballo.

Todo eso de arriba nos indica que: ¡aún cayendo en tierra, el jinete vence! Y recibe las alabanzas de todos los ángeles y humanos creyentes, lo que se representa con la lira "Lyra", y que "Draco" se ve que ya está siendo arrojado a su lugar de confinamiento total final.

Además, 3) Ara (el "Altar"):

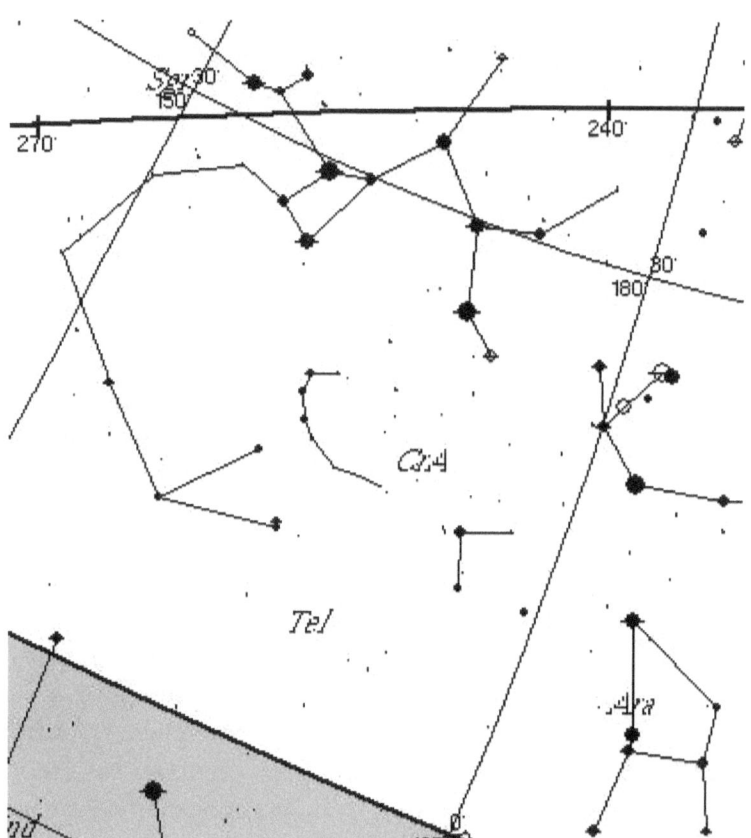

Sagitario (el "Jinete que Cae") se observa con una de sus constelaciones derivadas: Ara o el "Altar", representación del máximo sacrificio que está llevando a cabo tal jinete: Jesucristo, ¡para darnos la salvación a todos nosotros!

"**...y su hijo** (Jesús, el "Teknon" ("Libra"), el hijo de "Virgo", la doncella: María) **fue arrebatado para Dios y para su trono**" Ap. 12:5b.

Entonces, como una recapitulación parcial de las cuatro constelaciones que llevamos hasta ahora vemos que: la doncella (Virgo) da a luz al perfecto sacrificio (Teknon o "Libra"), pero luego "El gran dragón escarlata" ("Scorpio") intenta destruir a Jesús, haciéndolo caer del caballo ("Sagitario": "El jinete que cae"), pero el dragón fracasa por completo, Jesús es llevado al cielo por su padre Dios, y en un futuro: ¡Jesús va a regresar como rey de reyes para derrotar al dragón!

CAPÍTULO 5

La constelación del Falso profeta o Capricornio la vemos entre diciembre y enero

La escritura básica es semejante a la del dragón, ya que dice, ¡y esto en el mismo capítulo!: que se ve a esta constelación emergiendo en el horizonte como si saliera de la tierra:

"Después vi otra bestia que subía de la tierra. Tenía dos cuernos semejantes a los de un cordero, pero hablaba como un dragón. Ejerce toda la autoridad de la primera bestia en presencia de ella, y hace que la tierra y sus habitantes adoren a la primera bestia..."
Ap. 13:11-12ª

Esta constelación del "Falso profeta" es llamada también en Tesalonicenses: "El hombre de pecado" y se refiere a la falsificación de lo que es espiritual, es decir, la falsa religión de adorar al Anticristo ¡como si éste fuera Dios mismo!.

Si se sigue leyendo, se descubre que la idea de elaborar a un ídolo capaz de hablar (un "robot" imitación del Anticristo capaz de matar a todo aquel que no lo adore) así como la de implementar la marca de "La bestia", es decir del Anticristo como el número 666 es iniciativa de este falso "avatar" religioso representado con "Capricornio", y como decíamos, corresponde a la tribu de Neftalí, que en este contexto por su zalamería y por su seducción verbal, desvía engañando a todo aquel que le escucha, incitándolo a adorar al Anticristo y a su réplica idolátrica y también robótica, pues este ídolo tecnificado del futuro es capaz de hablar y de dar órdenes de asesinato a quien no le adore, es decir, "a todo aquel que lo vea feo"... Entre otras cosas, este falso profeta establecerá la guillotina.

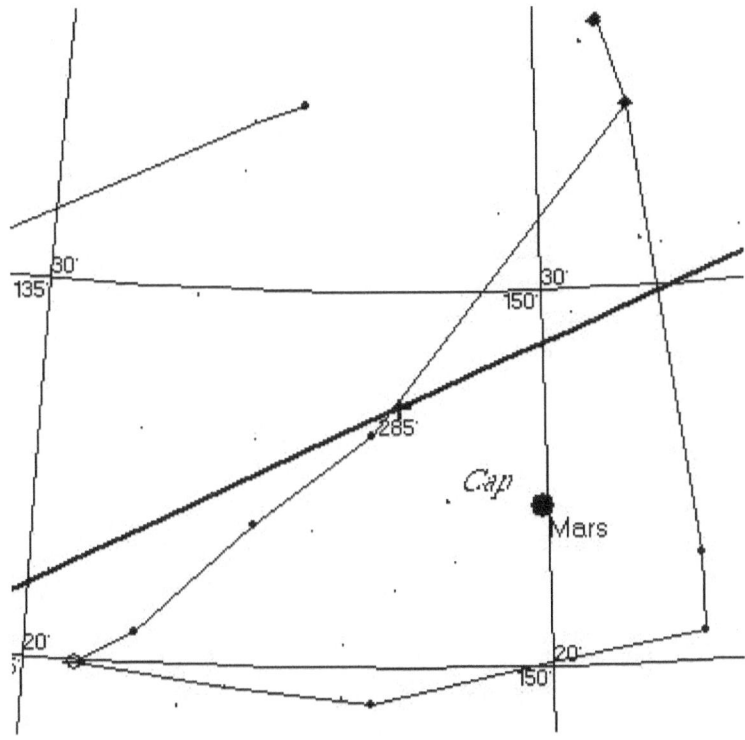

Esta constelación de la eclíptica, hoy llamada Capricornio"("Cap") en realidad representa al "Falso profeta", quien ciertamente será un demonio poseyendo un cuerpo humano, ya que será enviado al lago de fuego y azufre junto con el demonio que hizo lo mismo con el cuerpo del Anticristo, y esto sucederá mil años antes de que Satán mismo, el Adversario, sea arrojado al mismo lugar (el hecho de que la siguiente constelación parezca estarle arrojando encima su copa de ira, pareciera confirmar esta verdad)

En los antiguos zodiacos esta constelación ya es una cabra con una cola de pescado; pero por ejemplo, en Dendera y en Esné, en Egipto, es "*Hu-penius*": "El sitio del sacrificio", y en el contexto que la estamos viendo se refiere a que debido al falso profeta muchos cristianos van a ser sacrificados en la guillotina por negarse a recibir la marca de la bestia y por rechazar la adoración de la bestia misma y aún de su imagen robótica capaz de hablar. En el Zodiaco hindú ésta es una cabra siendo devorada por un pez; y sí, sabemos que al final de cuentas va a ser derrotada por completo por Cristo mismo, en su venida final, ya que esa cabra inclina su cabeza como cayendo en muerte, la pierna derecha está doblada hacia adentro del cuerpo, y el animal parece incapaz de levantarse con la izquierda; en cambio, la cola del pez está llena de vigor y de vida. En hebreo es "*Gedi*"; en árabe es "*Al Gedi*": "La cabra"... en latín es "*Capricornio*": "Cabra".

Esta constelación tiene 51 estrellas: tres de la tercera magnitud, tres de la cuarta, etc. Cinco son notables: tres: la g, d y e, están en la hoy representada cola del pez (aunque recordemos que en algunos zodiacos asiáticos se ve echado el animal completo sin esa cola de pescado). La estrella a (alfa, y todas se escriben con símbolos griegos pero aquí las hemos hispanizado), en el cuerno, es "*Al Gedi*", la cabra, (b en la cabeza), d es "*Deneb Al Gedi*": "El sacrificio que viene", que en sirio es "Dabih": "El sacrificio del degüello" (porque como les digo, va a establecer la guillotina de nuevo, como los franceses lo hicieron; ¿cómo hubiera sabido Juan todo lo que escribió allí en el Apocalipsis hace dos mil años sino solamente por revelación divina?); "*Al Dabik*" y "*Al Dehabeh*" (ár.) tienen el mismo significado; "*Ma'asad*", otra de sus estrellas es: "La masacre"; "*Sa'ad al Naschira*": "El registro (o el "récord") del corte (de los cuellos de cristianos)".

Resultados de los Libros en Google buscando el significado antiguo de Capricornio, ya que la sugerencia de E. W. Büllinger no convence en lo absoluto: ¿Cómo puede Capricornio representar a Jesús?: *1.* Un macho cabrío en el sentido del N.T. representa a la rebelión contra Dios. *2.* Es un híbrido mitológico de dos naturalezas que no tiene nada que ver con lo que leemos en la Biblia. *3.* Jesús ya es representado en las constelaciones con el Cordero o Carnero (Aries), no con la cabra rebelde; de hecho, Capricornio le está dando la espalda a Aries, como estando totalmente opuesto a él.

Israel Knohl muestra cómo en dos himnos de los "Rollos del Mar Muerto", la bestia con cuernos de cabra era el emperador Augusto. Él era el Capricornio (a sí mismo se representaba con cuernos de cabra en sus monedas), era el "falso profeta" enmascarado como "Apolo", la "bestia que surge de la tierra" con "dos cuernos como de cordero" pero que "habla como dragón" (Ap. 13:11). Augusto (y Nerón, y Hitler, y

Nietzsche, etc., son sólo como sombras enanas y pigmeas de lo que va a ser el futuro Anticristo, pero esto al menos nos muestra que ese Capricornio ha sido representado en el pasado con el mal y no con el bien) era la bestia cruel que engañaba a los adoradores y los mataba (tomado de: Barnstone, W. The Restored New Testament. *Norton & Comp.*, 2009, 1485 p.)

    Otro autor, algo exagerado pero que en esto parece acertar en su investigar, nos dice que es el planeta Saturno (y yo digo por lo que hemos visto que esta es la representación de Satán, por tanto, los cielos profetizan que éste estará dirigiendo al falso profeta) el que rige a Capricornio, mientras que el Sol rige a Leo (Dios mismo fue el guía de las palabras y de las obras de nuestro Señor Jesucristo: el "Leo" de la tribu de Judá)... (Icke, D. The Biggest Secret. *Bridge of Love Publications USA*, 1998, 517 p.).

    Otro autor nos dice que en los tiempos antiguos esta constelación era conocida como "La compuerta de la muerte" (y después de todo aún ahora vemos a Capricornio cayendo como muriendo, mientras que la constelación que sigue: "Acuario", el Ángel derrama su copa de ira ¡precisamente sobre Capricornio! Y esto aún cuando en los dibujitos intentan cambiarle la dirección del derrame al lado opuesto, cuando se ven las puras líneas el mensaje queda más claro). Capricornio estaba también asociado con un pentagrama invertido (y este autor nos dice que ese pentagrama representa a esos seres diabólicos de cuerpo etéreo). También Elifáz Leví ¡conecta tanto al "Macho cabrío" (a Capricornio) y su representación de pentagrama invertido, con Baphomet! (entonces, vemos que tanto esta cabra como el pentagrama invertido que perfila su rostro, con sus cuernos arriba, orejas a los lados y barbilla: $2 + 2 + 1 = 5$, son ambas representaciones complementarias de Satanás, y por lo que aquí vemos, más específicamente de su falso profeta, y todo esto lo escribió un masón que desea exhibir a plena luz lo que allí aprenden)... Tomado de: Francke, S. The Tree of Life and the Holy Grail. *Temple Lodge Publishing*, 2007, 244 p.

    Luego, otro autor nos dice que nadie está completamente seguro acerca de los misteriosos orígenes de ese "dios" satánico moderno Baphomet. Algunos dicen que su nombre viene del árabe *"abufihamet"*, que significa "generador de artificios", y que era un "dios" previo al Islam en Arabia. Otros dicen que su nombre viene del griego *"Baphe Metis"*, que significa "inmerso en ardides", y que procede de los misterios órficos griegos, etc. (y esto escrito por un autor que desea exponer las creencias de los brujos: Kaldera, R. MythAstrology: Exploring Planets & Pantheons. *Llewellyn Worldwide*, 2004, 436 p.)

A la tribu de Israel a la que pertenece el signo del "Falso Profeta" es a la de Neftalí (segundo hijo de Bilha, esclava de Raquel, y sexto hijo cronológico de Jacob, es decir que precedió a los hijos de Zilpa, sierva de Lea: de Neftalí se dice que es de muy buen hablar, muy poético, es como la seducción de las palabras, pero, por el sentido del signo, para un mal uso), y ésta tribu, así como su insignia, se colocaba en la parte superior, o del norte, a la derecha, mirando al mapa desde arriba.

Las tres constelaciones colaterales de esta quinta constelación, la del "Falso Profeta" (hoy llamado "Capricornio"), las que están fuera de la eclíptica, son: 1) Sagitta (la "Flecha"), 2) Aquila (el "Águila"), y 3) Delphinus (el "delfín" (pero cuyo nombre no me convence por parecer una distorsión pagana, ya que no se menciona a los delfines en la Biblia, y todo lo astronómico, según entiendo, ha de tener conexión con la revelación escrita que preserva sus significados y los explica):

LAS CONSTELACIONES DEL CRISTO: *¡Los cielos narran su obra de salvación!*

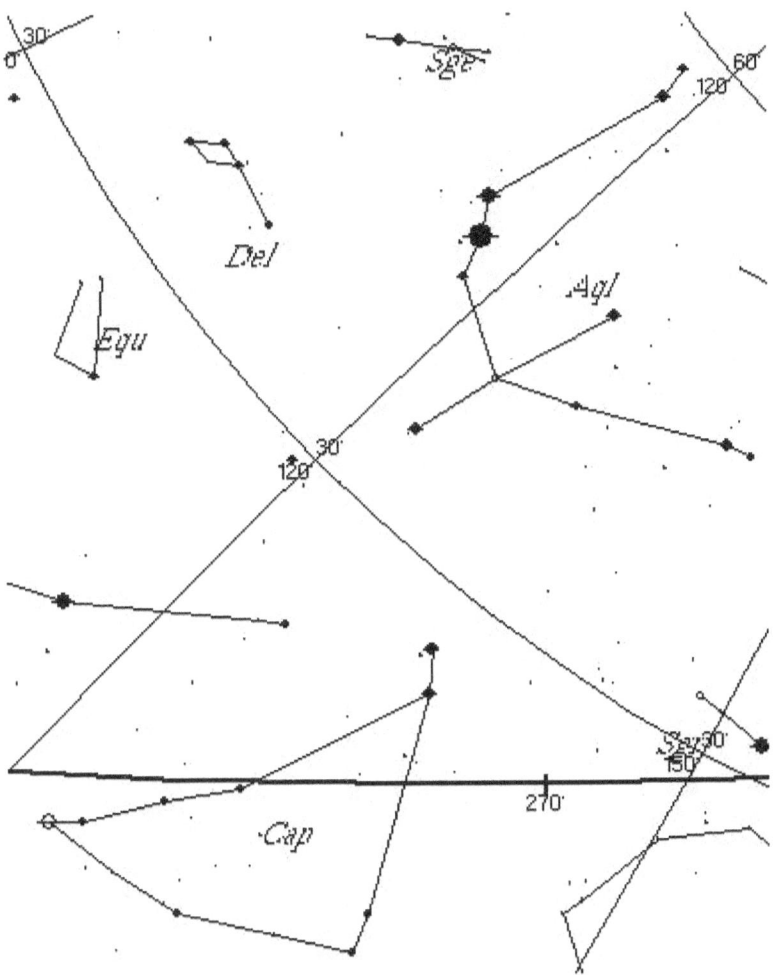

Aquí podemos observar todas las otras constelaciones relacionadas con Capricornio ("Cap"), es decir, con el "Falso profeta", y son: Sagitta ("Sge"), a quien al principio ubicamos en el grupo del Arcángel Miguel, y además: Aquila ("Aql"), y Delphinus ("Del"), a las que colocamos tentativamente como sujetas a Lucifer (por aquello del un tercio de las estrellas siguiéndolo a él, pero desde luego esto es por lo pronto tentativo).

CAPÍTULO 6

La constelación del Ángel derramando su copa o Acuario la vemos entre enero y febrero

La escritura pertinente para esta constelación, tomada de nuevo del Apocalipsis, que explica la astronomía bíblica profética para nosotros, los que queremos tener nuestros ojos para ver estas cosas:

"**Vi en el cielo otra** *(allo: otra del mismo tipo que las que hemos estado viendo: la Virgo y el Dragón rojo)* **señal, grande y admirable: siete ángeles que tenían las siete plagas postreras; porque en ellas se consumaba la ira de Dios ...Y uno de los cuatro seres vivientes dio a los siete ángeles siete copas de oro, llenas de la ira de Dios... Oí una gran voz que decía desde el templo** [*"naou", lugar santo, ¡del Tabernáculo del testimonio! (dice en el Ap. 15:5)*] **a los siete ángeles: Id y derramad sobre la tierra las siete copas de la ira de Dios"** Ap. 15:1, 7a; 16:1.

Siendo entonces esta constelación la de un "Ángel derramando una copa de ira".

Zodiacos orientales muestran tan sólo una urna. En hebreo es "*Deli*" (y en árabe es "*Delu*"): "urna", o "recipiente". La brillante estrella en la urna tiene un nombre egipcio: "*Mon*" o "*Meon*": "Una urna". Los griegos inventaron historias relacionadas con esta onstelación, en una es Ganímedes, ¡el copero de Júpiter! Su nombre moderno es en latín: Aquarius: El que vierte agua [como la representan ahora, su líquido es tragado por "Pisces (o "Piscis") Austrinus", pero cuando se ven sus trazos en línea su líquido cae sobre el triángulo de la constelación de Capricornio]. La estrella alfa (en el hombro derecho) es "*Sa'ad al Melik*": "La crónica del derramamiento". La estrella beta (en el hombro izquierdo) es "*Saad al Sund*": "El derramador". La estrella delta (en la pierna derecha, parte inferior), hoy se conoce como "*Skat*": "espinilla"; en tiempos medievales, era en heb. "*Scheat*": "Reiteradamente" (es decir, ¡como que el derramamiento se lleva a cabo repetidas veces! Y es el Apocalipsis el que nos aclara: ¡que son siete veces por siete diferentes ángeles!); que en árabe significa: "deseo" (el deseo divino por hacer justicia).

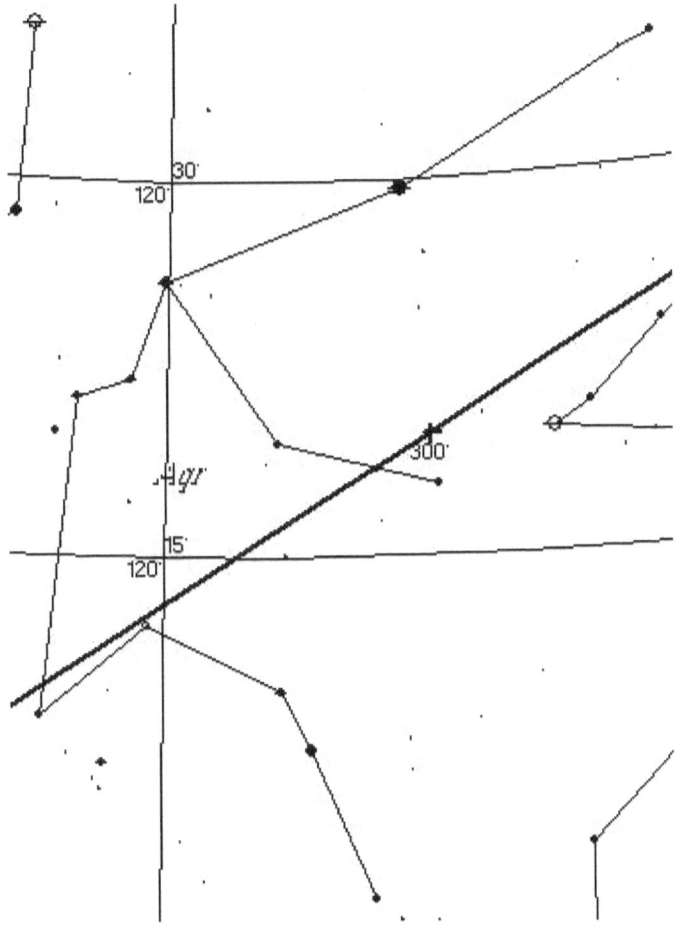

Aquí está la constelación que hoy se llama Acuario ("Aqr"), pero que como ya hemos visto en la escritura corresponde, según la última revelación que se dio acerca de ella, al "Ángel Derramando su Copa de Ira", y se observa que pareciera derramarla inicialmente sobre la constelación anterior (Capricornio)

A la tribu de Israel a la que pertenece el signo del "Ángel vaciando su copa" es a la del que era el primogénito de Jacob: Rubén (primer hijo de Lea, quien derramó "sus aguas" sobre otra de las mujeres de su padre: Bilha, esclava de Raquel y madre de Dan y de Neftalí, trayendo con esto la condenación y la pérdida de su primogenitura), y ésta tribu, así como su insignia, se colocaba en la parte inferior, o del sur, mero abajo de Leví, si miramos al mapa desde arriba.

Las tres constelaciones colaterales de esta sexta constelación, la del "Ángel Derramando Una Copa de La Ira Divina" (hoy llamado "Capricornio"), las que están fuera de la eclíptica, son: 1) Pegaso (el "Caballo Alado", que de nuevo no me convence, ya que también parece ser, como algunas otras, una distorsión pagana del significado original), 2) Cygnus (el "Cisne" (mi comentario aquí es igual que el anterior):

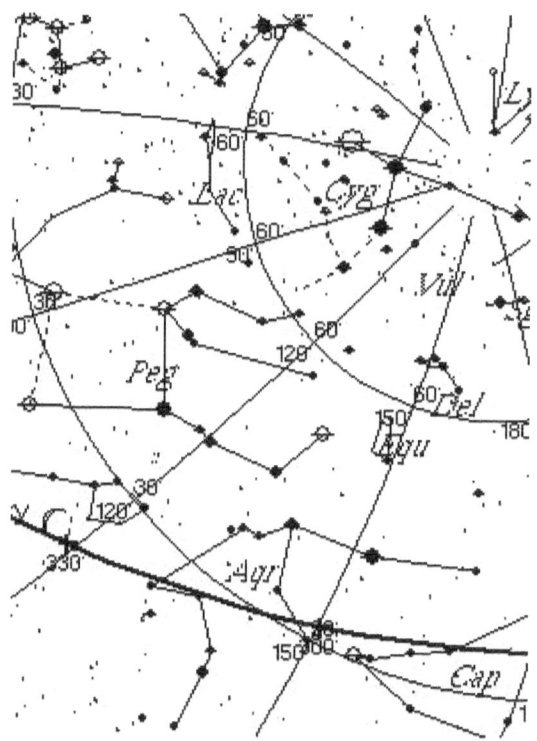

Luego vemos aquí a Acuario ("Aqr") y dos de sus grandes también constelaciones relacionadas: Pegasus ("Peg") y Cygnus (Cyg), pero como comenté en el texto, no me convence que hayan sido originalmente representadas así

Y 3) Piscis Australis (el "Pez del Sur"):

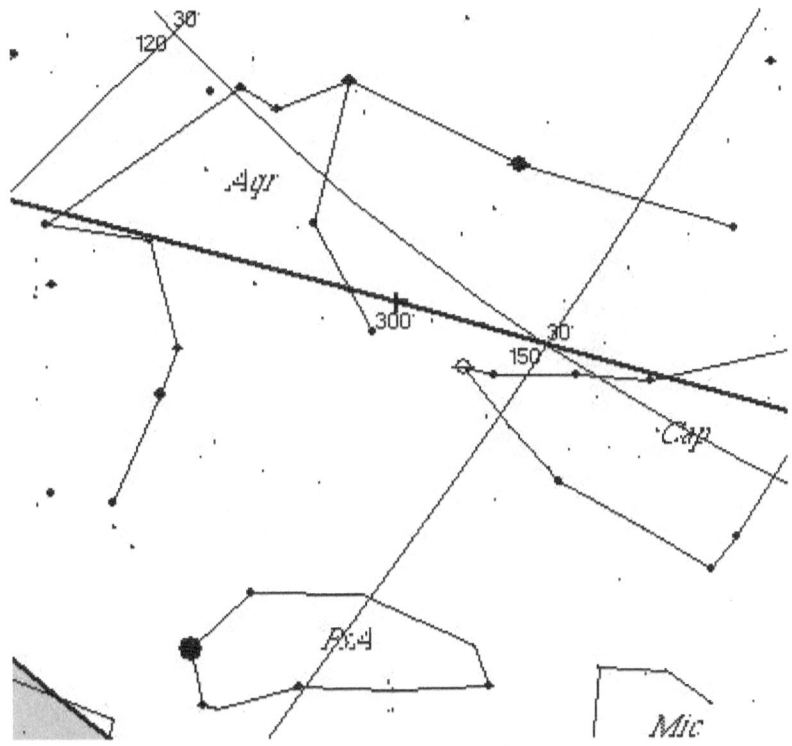

Finalmente para la constelación de Acuario, vemos a su otra constelación relacionada, la del Piscis Austrinus ("PsA"), que se encuentra justo debajo de ésta y también, al igual que Capricornio, pareciera estar recibiendo del líquido que dicho ángel derrama, y es por eso que también lo pongo (al "PsA") del lado de Lucifer

CAPÍTULO 7

La constelación de las Espadas o Piscis la vemos entre febrero y marzo

La escritura clave para esta constelación sale de los labios de Jacob antes de su muerte:

> "Simeón y Leví son hermanos;
> armas de maldad son sus armas...
> en su furor mataron hombres
> y en su temeridad desjarretaron toros.
> Maldito sea su furor, que fue fiero,
> y su ira, que fue dura..." Gn. 5, 6b-7a.

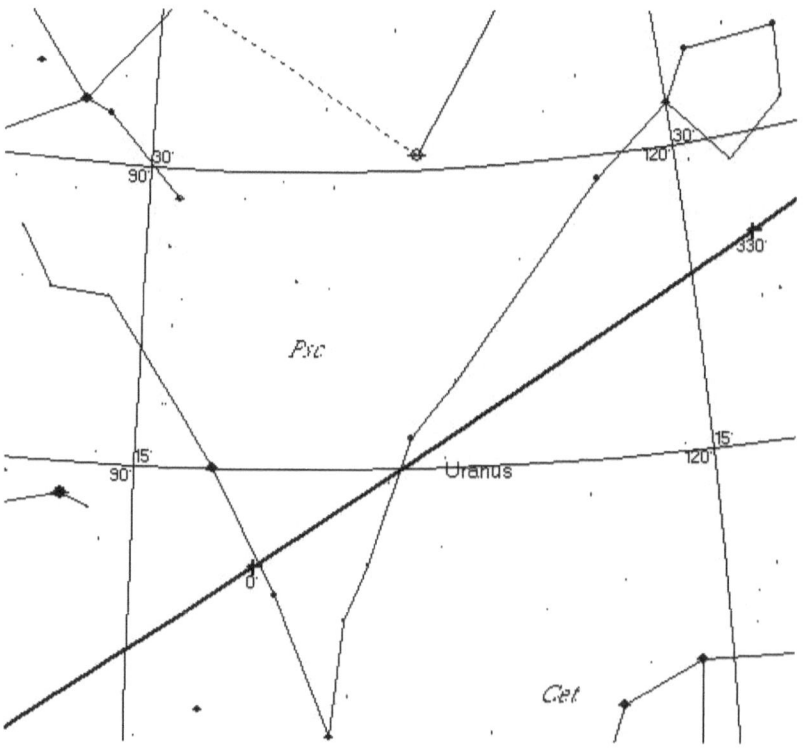

Aquí tenemos a la constelación hoy llamada Piscis ("Psc") pero que más bien representa a: "Las espadas", un par de espadas

convergiendo para atravesar el corazón de la constelación de Cetus o el gran monstruo marino

A la tribu de Israel a la que pertenece el signo de "Las espadas" es a la de Simeón (segundo hijo de Lea, quien junto con Leví, asesinó a todos los varones de Siquem, quebrantando un pacto que su padre había adquirido, trayendo con esto el amargo reproche de su padre), y ésta tribu, así como su insignia, se colocaba a la derecha de la parte inferior, o del sur, si miramos al mapa desde arriba.

Las tres constelaciones colaterales de esta séptima constelación, la de las "Espadas" (hoy llamada "Piscis"), las que están fuera de la eclíptica, son:

1) El filo doble de las espadas (hoy llamado "Las bandas"; y en esto cabe decir que mediante la lectura profética cronológica de esta constelación, este momento corresponde a aquel cuando Aries, Cristo, finalmente pone en cadenas al Adversario durante mil años en el abismo; y entonces éstas serían más bien "Las cadenas" con las que se sujeta a Satán, aquí representado en Cetus, durante todo ese tiempo; y claro, después esas cadenas se endurecerán al punto de también convertirse en las espadas representadas por Simeón, cuando sea final y definitivamente arrojado Satán al "Lago de fuego y azufre" donde ya estarán e falso profeta (Capricornio) y el falso rey o Anticristo (El gran dragón escarlata)),

2) Andrómeda (otra que no me convence, ya que también parece ser, como algunas otras, una distorsión pagana del significado original; E. W. B. concluye que se trata de Israel), y

3) Cefeo (el "Rey", que es otra magnífica representación de Jesús como Rey de reyes y Señor de señores, sin más tapujos):

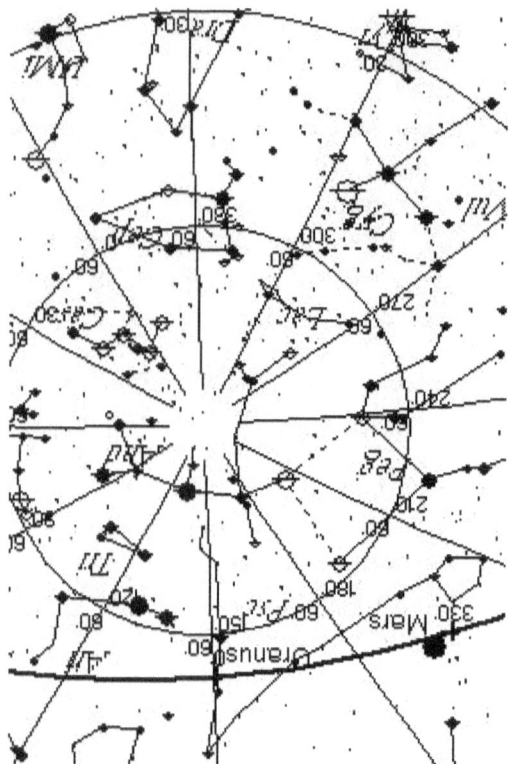

En esta ilustración vemos a la constelación de "Las espadas" ("Psc"), junto con sus constelaciones colaterales, una de ellas siendo el doble filo de cada espada, la otra siendo Cefeo ("Cep"), el gran rey reinando y apoyando su pie derecho sobre la esrella polar (visto de cabeza, con la parte triangular extrema siendo su parte central masculina inferior), y con la hoy llamada Andrómeda ("And")

CAPÍTULO 8

La constelación de Aries la vemos entre marzo y abril

En este caso, la escritura profética clave está a cargo de Moisés, bendiciendo a las 12 tribus de Israel antes de su muerte:

"**Para Gad dijo:
«¡Bendito el que hizo ensanchar a Gad!
Como león reposa,
y arrebata brazo y testa.
Escoge lo mejor de la tierra para sí,
porque allí le fue reservada la porción del legislador»**" Dt. 33:20-21a.

Vemos que tanto estas como las palabras que declara Jacob antes de morir a su hijo Gad son proféticas referentes a Jesucristo, quien en el versículo anterior es el cordero o carnero que reposa como león, además de que es el que tiene la porción del legislador en la tierra del reino del milenio en el que reine Cristo.

Jacob, que es Israel, por su parte dijo, y aún cuando es tremendamente breve es muy cierto, ya que habla de la captura de Cristo cuando oraba de noche en el huerto de Getsemaní, haciendo luego éste su máximo sacrificio al entregar su vida; pero también nos habla de su futura venida en victoria:

"**A Gad, un ejército lo asaltará,
mas él acometerá al final**" Gn. 49:19.

Aquí vemos que esto de la acometida de Jesús, aquel que fue asaltado por un ejército a manos del traidor de Judas, se va a consumar con nuestra compañía, ya que descenderemos con él en gloria para derrotar al Anticristo y a todos sus seguidores, con el fin de dar comienzo al milenio del gobierno de Cristo desde el Medio Oriente, en donde, como vimos antes, cada tribu tendrá su porción y él mismo tendrá una buena porción de tierras.

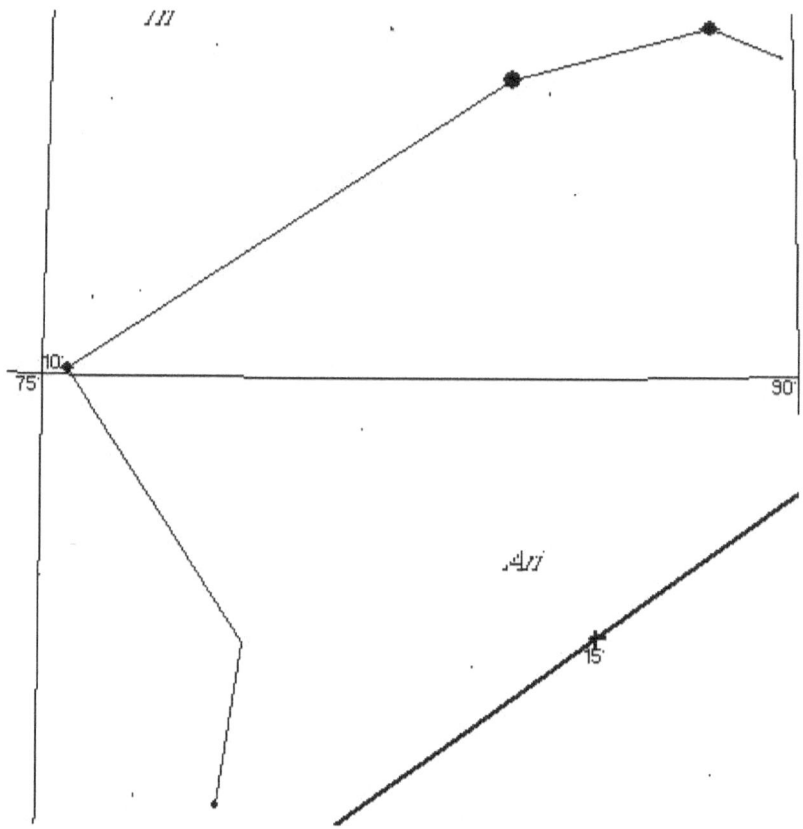

Aquí vemos a la no tan grande constelación de Aries ("Ari"), la cual en contexto sujeta la espada de la izquierda de las "Espadas" con su pata izquierda, y ambas espadas como ya vimos están atravesando el corazón de Cetus, y se encuentra descansando

A la tribu de Israel a la que pertenece el signo de Aries es a Gad (primer hijo de Zilpa, esclava de Lea, y séptimo hijo cronológico de Jacob), y ésta tribu, así como su insignia, se colocaba a la izquierda de la parte inferior, o del sur, si vemos al mapa desde arriba.

Las tres constelaciones colaterales de esta octava constelación, la de "Aries" (el "Carnero"), las que están fuera de la eclíptica, son: 1) Casiopea (otra que no me convence, ya que también parece ser, como otras ya mencionadas, una distorsión de los mitos del paganismo), 2) Cetus (otra representación del Adversario en la forma del gran monstruo marino, el "Leviatán" descrito por Job), y 3) Perseo (que es otra gran representación de Jesús como aquel que hace justicia y derrota al maligno).

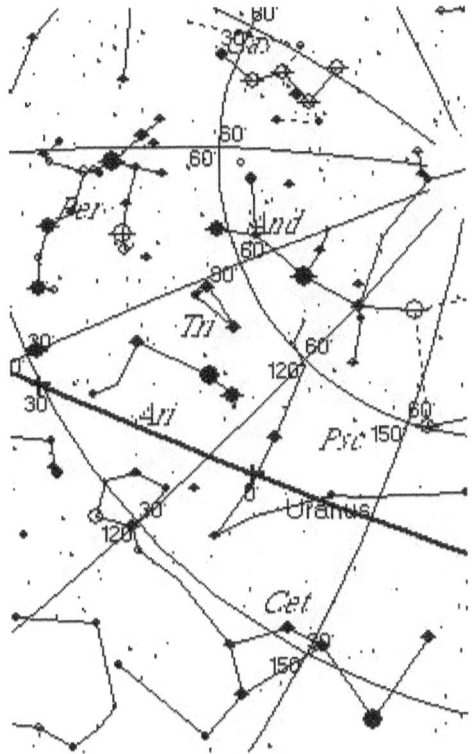

Aquí vemos de nuevo a Aries ("Ari") con el vasto espacio que ocupan sus tres constelaciones colaterales: el gran monstruo que está siendo derrotado por él en la parte de abajo: Cetus ("Cet"), luego otra representación con la misma victoria de Jesús sobre el Adversario, llamada Perseo ("Per") que esta vez lleva la cabeza desmembrada del maligno (a la estrella variable "Algol"), y la constelación hoy llamada Casiopea ("Cas", la que tiene la forma de "W")

CAPÍTULO 9

La constelación de Tauro la vemos entre abril y mayo

La escrtura clave para esta constelación es la siguiente:

"Como el primogénito de su toro es su gloria;
sus cuernos, como cuernos de búfalo.
Con ellos corneará a todos los pueblos
hasta los confines de la tierra.
ellos son los diez millares de Efraín,
y ellos son los millares de Manasés" Dt. 33:17.

Aquí vemos que Tauro está bien definido, indicando que el cuerno superior, el más glorioso, es el más numeroso de los dos: Efraín, precisamente de cuya tribu se esparció la idolatría, como lo fue con Dan, por eso dice que los vástagos de José le causaron amargura en el siguiente mensaje profético de Jacob:

"…sus vástagos se extienden sobre el muro.
Le causaron amargura,
le lanzaron flechas,
lo aborrecieron los arqueros,
mas su arco se mantuvo poderoso
y los brazos de sus manos se fortalecieron
por las manos del Fuerte de Jacob,
por el nombre del Pastor, la Roca de Israel,
por el Dios de tu padre, el cual te ayudará,
por el Dios omnipotente, el cual te bendecirá…" Gn. 49:22b-25a.

Esto nos indica que a pesar de la rebelión de los descendientes de Efraín, siempre hubo algunos que creyeron de Manasés, y que por eso José y su descendencia siempre estarán representados, aún ocupando dos lugares para aquel momento descrito en el Apocalipsis, aquel de los señalados de cada tribu: doce mil de José, y doce mil de Manasés (reemplazando uno de ellos a los de Dan de los cuales no hay representación, aunque después esta tribu es restaurada).

LAS CONSTELACIONES DEL CRISTO: *¡Los cielos narran su obra de salvación!*

Quisiera que también notaran la hermosa descripción profética de Orión, que representa a Cristo, y dice que "su arco se mantuvo poderoso"… y esto es lo que vemos allí, que este arquero está enfrentado al toro que se hizo idólatra, para atravesar su corazón.

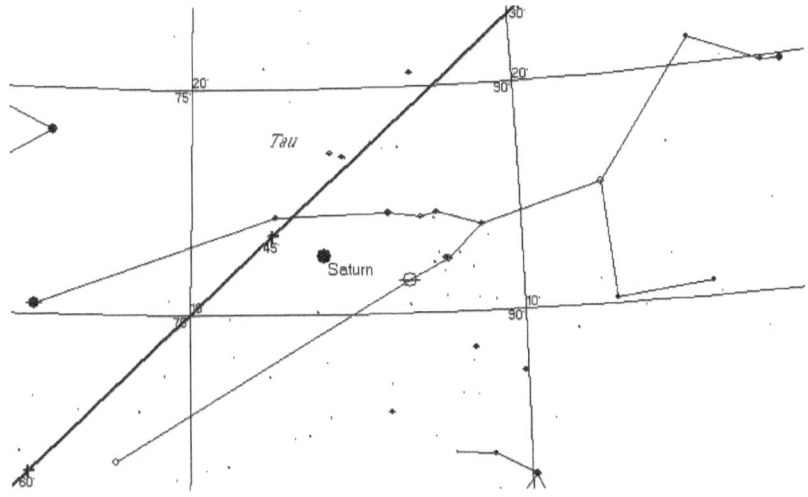

Ahora estamos frente a la grande constelación del toro: **Tauro ("Tau"), en la cual si recordamos de mi estudio anterior, se encontraba entre sus cuernos el planeta representando a Satanás: Saturno, como se ve en el dibujo, justo durante el tiempo del nacimiento del Mesías, por lo tanto, la he asociado con las huestes del Adversario de Dios (ver la Introducción). Por lo tanto, Tauro entonces representaría al Anticristo**

A la tribu de Israel a la que pertenece el signo de Tauro es a la de José (el onceavo hijo varón de Jacob, y su predilecto, hijo de la mujer que más amó: Raquel; así también era el más atento a la voz de Dios desde temprano en su vida, antes que él nació Dina, por lo que numéricamente él sería el doceavo si la incluimos a ella), pero dividida en dos, en semejanza a sus dos hijos que tuvo de la egipcia hija de un sacerdote pagano: Efraín y Manasés; aún cuando el gran Josué perteneció a esta tribu y fue el único junto con Caleb de Judá que se mantuvo fiel a la promesa de Dios de que entrarían en la "Tierra prometida", posteriormente su sub-tribu se entregó a la idolatría y la promovió, por lo que su nombre también ha sido removido temporalmente de la lista del Apocalipsis y ésta tribu, así como su insignia (tal vez medio toro para cada una de sus dos sub-tribus), se colocaban en el oeste, es decir a la izquierda: Efraín al centro, justo a la izquierda de Leví, y Manasés al sur, si vemos al mapa desde arriba. La razón por la que esta tribu ocupa dos lugares, aparte de la profecía de Jacob acerca de la prosperidad de José, quien fuera vital para preservar la continuidad en el cumplimiento de la promesa de la venida de nuestra simiente salvadora: Jesús, es porque Leví ha sido removida al centro, dejando con ello un lugar vacante que fuera llenado por uno de los hijos de José, estando así José representado en sus hijos aún cuando el nombre de él mismo no figure en los estandartes sino el de sus hijos.

Aquí, las tres constelaciones colaterales de esta novena constelación, la de "Tauro" (el "Toro", que se perfila como un "Anticristo" rabioso, con sus dos "cuernos" o etapas: el primero de 3 años y medio como un ser humano dirigido totalmente por Satanás, el Adversario; mientras que su segundo estadío, de otros tres años y medio, es un demonio principal: Abadón, metido después de tres días en el cuerpo del previamente asesinado "Anticristo", falsificando así una "resurrección" patrocinada por Satán), las que están fuera de la eclíptica, son: 1) Orión (siendo esta una maravillosa constelación que se refiere a la luz que llega a la tierra para quedarse: Cristo Jesús, a partir de su Milenio de poder); 2) Eridano (es el río de vida que procede del trono de Jesús, ya desde este momento de su gobierno, el cual "sana" para comenzar las aguas "enfermas", nos dice la escritura, del "Mar muerto", ¿porqué no las "sanó" la primera vez que anduvo por acá? Yo creo que es porque todo viene a su debido tiempo):

LAS CONSTELACIONES DEL CRISTO: *¡Los cielos narran su obra de salvación!*

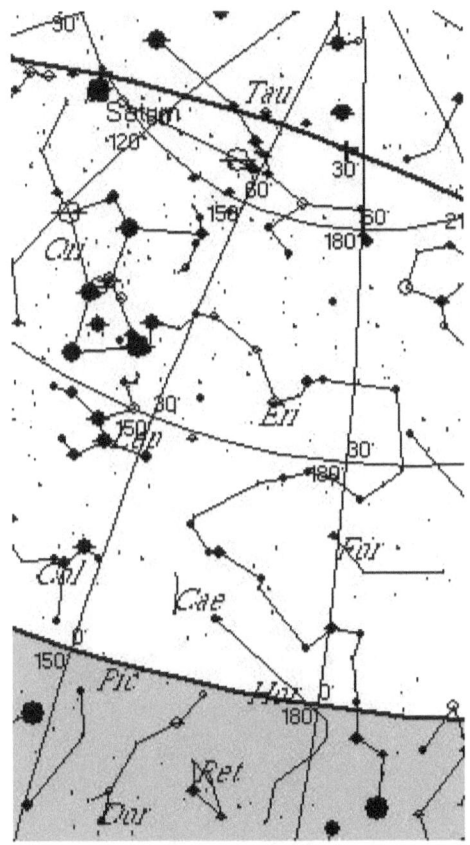

Aquí tenemos a dos de las tres constelaciones relacionadas con Tauro ("Tau"): la más bella constelación de Orión ("Ori"), que significa "El luminoso", con su incomparable cinturón con tres brillantes estrellas, y con su arco y flecha atravesando el corazón del toro y de su pié derecho fluyendo un río de aguas de vida: Eridano ("Eri")

Así como 3) Auriga (que es otra gran representación de Jesús como el buen pastor, representando que para los nobles, para los que son mansos y humildes, su reinado va a ser algo lleno de consuelo y delicias):

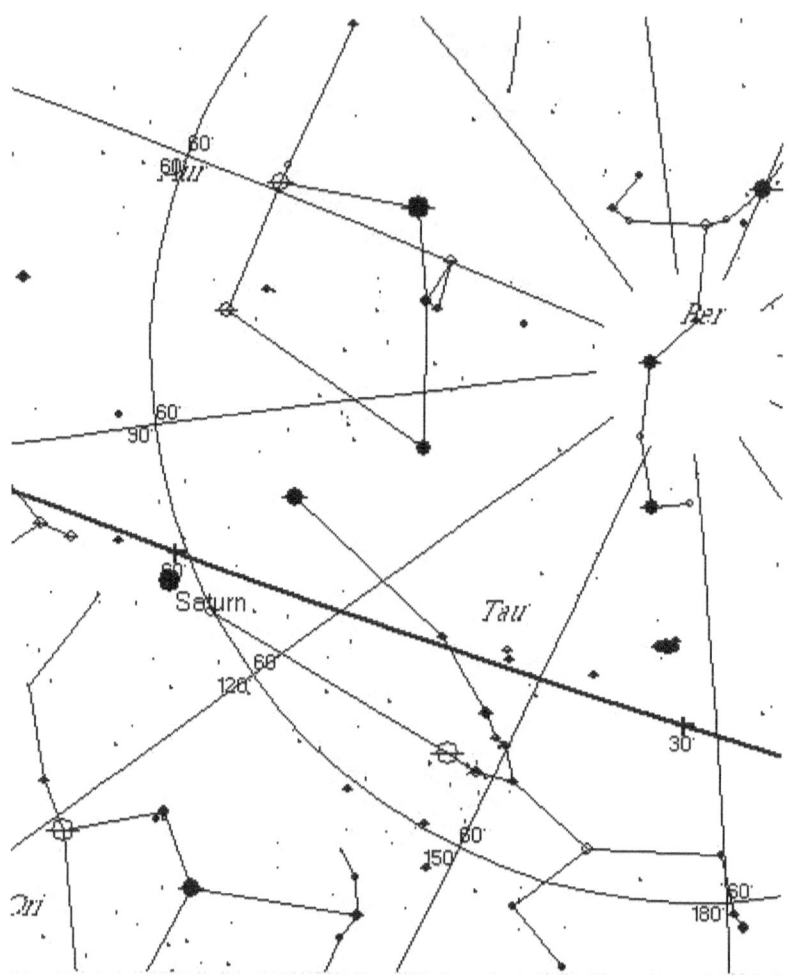

Y aquí tenemos a la otra constelación asociada a Tauro ("Tau"), siendo esta llamada Auriga ("Aur"), la que representa al buen pastor, hospedando a dos corderitos o cabritos en su regazo, mientras que su pié derecho está siendo pinchado por el cuerno superior del toro, tentativamente el que representa a Efraín, quien fuera una de las dos tribus, junto a Dan, que introdujera en Israel a la idolatría, y se destacara militarmente desde los tiempos de Josué, pero el hecho de que ese cuerno está atravesando uno de los pies del buen pastor o Auriga para mí es otro indicio de que Tauro representa al Adversario

CAPÍTULO 10

La constelación del Lobo o Géminis la vemos entre mayo y junio

De esta constelación nos dice Jacob:

"»Benjamín es lobo arrebatador:
por la mañana comerá la presa
y a la tarde repartirá los despojos" Gn. 49:27.

Pero hay que considerar que todas estas constelaciones que representan al Adversario y que están en la eclíptica tratan de tribus que a pesar de haber cometido algo malo, al final de los tiempos se enderezan; la maldad de esta tribu fue tal que casi desaparece de la historia, tuvieron, los pocos varones que quedaron de Benjamín, que recurrir al robo de doncellas de las otras tribus para poder continuar como tribu.

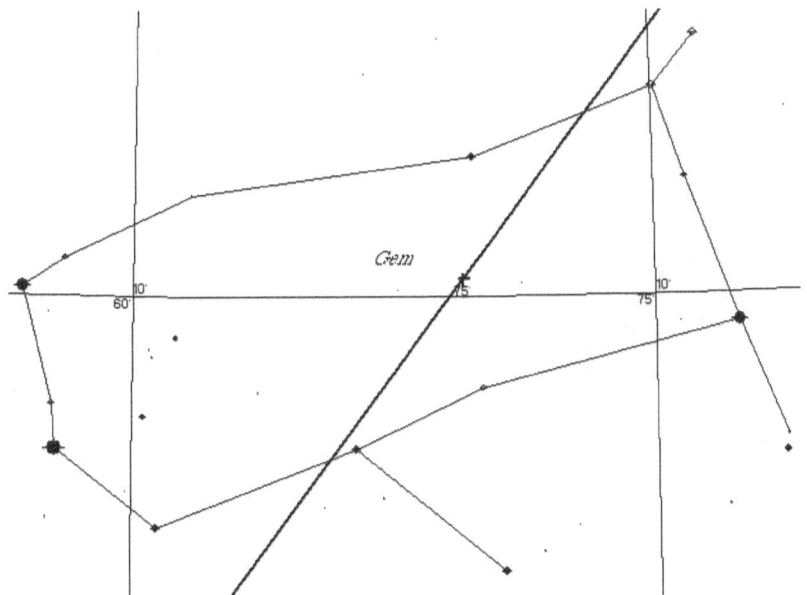

Esta ahora es la constelación hoy llamada Géminis ("Gem"), pero que cuando se estudia más a fondo se observa que representa al

"Lobo" de la tribu, casi extinta de Benjamín, se le ve subiendo la cabeza en actitud de estar aullando, con sus fauces abiertas, representando al Anticristo

A la tribu de Israel a la que pertenece el signo del "Lobo" es a Benjamín (el doceavo hijo varón de Jacob con la mujer amada: Raquel, y el número trece si incluimos a su hermana Dina, nacida como la número once), hermano de José, por lo que es muy adecuado el verlo justo en la misma orientación que los hijos de su hermano: al oeste, y ésta tribu, así como su insignia, se colocaban en la parte superior izquierda, si vemos al mapa desde arriba.

Esta tribu casi desapareció de la historia debido a su promiscuidad que se estaba asemejando a la de Sodoma y Gomorra.

Luego, aquí tenemos las tres constelaciones colaterales de esta décima constelación, la de "Géminis" (el "Lobo", según la Biblia, imagen de "Satán" enfrentado al Mesías quien viene a derrotarlo y a encerrarlo en prisión por mil años, y a entrar triunfal a Jerusalén para gobernar al mundo entero durante mil años), las que están fuera de la eclíptica, las que son:

1) Lepus ("La bestia", el enemigo que es derrotado y sacrificado),

2) Canis Major (o "Sirio", como se llama su más brillante estrella, representando a otro de los servidores del adversario, tal vez el Anticristo), y

3) Canis Minor (muy mala representación de quien sería Cristo, el redentor de nosotros en reposo):

LAS CONSTELACIONES DEL CRISTO: *¡Los cielos narran su obra de salvación!*

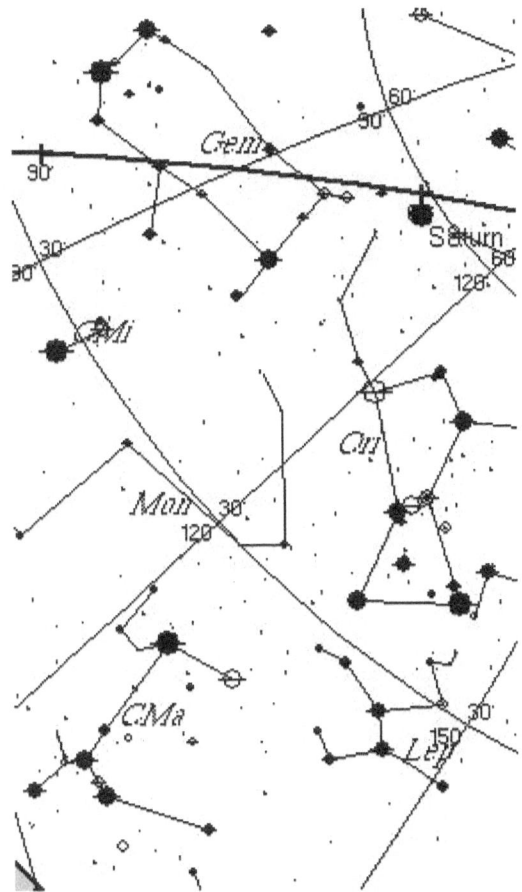

Aquí tenemos a Géminis ("Gem"), el "Lobo", al lado de sus constelaciones compañeras, todas ellas representando a animales, y por lo tanto representando a las huestes del mal: Lepus ("Lep") que es como un lobo menor, ya que "Gem" es el "Lobo" mayor, vemos entonces aquí a dos lobos o cánidos salvajes representan al Adversario y a su falso profeta, y un cánido doméstico: Canis Major ("CMa", el Can Mayor o el perro grande, con dos grandes estrellas) podría estar representando al Anticristo, pero Canis Minor ("CMi", el Can Menor o el perro chico, quien a pesar de su tamaño tiene una gran estrella: Procyon: Redentor, ¡la séptima estrella más brillante del cielo!, representa a Cristo)

CAPÍTULO 11

La constelación del Asna o Cáncer la vemos entre junio y julio

La escritura que aquí hemos de considerar es la siguiente: "Isacar, asno fuerte que se recuesta entre los apriscos" Gn. 49:14.

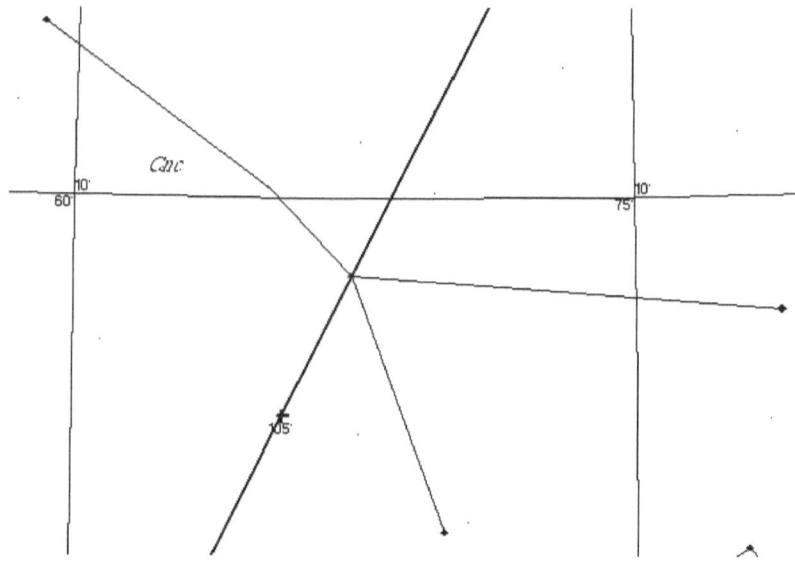

Aquí tenemos ahora a la constelación hoy conocida con el absurdo nombre de Cancer ("Cnc"), pero que bíblicamente nos representaba a un "Asna" (dado que aún conserva a dos esrellas con ese apelativo "Asellus Australis" y "Asellus Borealis", es decir: la burra del sur y la burra del norte), de la tribu de Isacar y dándole cumplimiento a la profecía de la entrada triunfal de Jesucristo a Jerusalén

El nombre árabe de esta constelación es "Al sartán": unidos, y el símbolo antiguo es algo como el número 69 caído de lado: ♋. Esto se explica por los nombres unidos: "Asellus Borealis": "El burro del norte" y "Asellus Australis": "El burro del sur". Lo que nos hace recordar a una profecía y su cumplimiento:

> "¡Alégrate mucho, hija de Sión!
> ¡Da voces de júbilo, hija de Jerusalén!
> Mira que tu rey vendrá a ti, justo y salvador,
> pero humilde, cabalgando sobre un asno,
> sobre un pollino hijo de asna" Zac. 9:9

Se menciona a una de las veces que Jesús entró a Jerusalén de manera triunfal cuando andaba por la tierra en su primera venida, que es la forma en que finalmente entrará como "Rey de reyes y señor de señores", en el futuro, en la consumación en victoria de su segunda venida. Lo que se explica como ya habiéndose cumplido en su primera venida:

> "Todo esto aconteció de tal forma que se cumplió lo que dijo el profeta:
> «Decid a la hija de Sión:
> tu Rey viene a ti,
> manso y sentado sobre un asno,
> sobre un pollino, hijo de animal de carga.»
> Entonces los discípulos fueron e hicieron como Jesús les mandó. Trajeron el asna y el pollino; pusieron sobre ellos sus mantos, y él se sentó encima" Mt. 21:4-7.

A la tribu de Israel a la que pertenece el signo del "Asna" es a Isacar (el quinto hijo de Lea y el noveno hijo cronológico de Jacob, después de Dan y Neftalí de Bilha, sierva de Raquel, y de Gad y Aser, hijos de Zilpa, sierva de Lea), y se encuentra al este como cuando comenzamos, y ésta tribu, así como su insignia, se colocaban en la parte superior derecha, si vemos al mapa desde arriba.

Ahora veremos las tres constelaciones colaterales de esta onceava y penúltima constelación, la de "Cáncer" (el "Asna" con su crío), de la cual, las constelaciones que están fuera de la eclíptica, son: 1) Ursa Major (otra que tampoco me convence, ya que también parece ser, como otras ya mencionadas, una distorsión del paganismo y sus mitos; E. W. Büllinger señala que corresponde al "Rebaño grande" que entra al reino de Jesucristo, que él entiende como los gentiles; esto nos lleva en el lipro segundo a ver una mejor traducción de Job. 38:32, en donde han traducido "Osa Mayor con sus hijos", cuando una mejor traducción es "Cometa con su cauda", como veremos), 2) Ursa Minor (que tampoco me convence y que E. W. B. dice que corresponde al "Rebaño pequeño" que entra al reino de Jesús, que él interpreta como los de Israel):

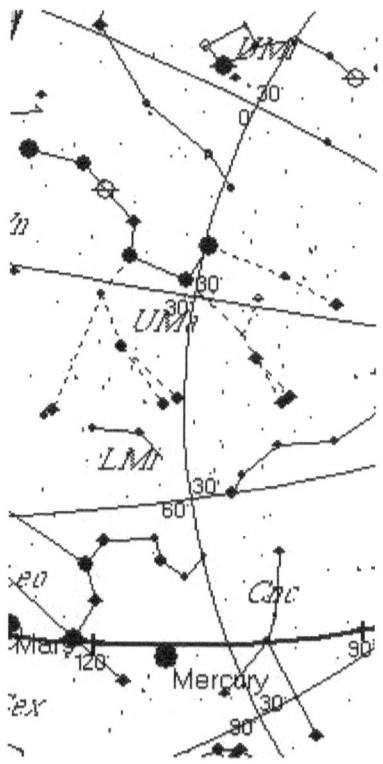

Aquí tenemos a la constelación de la "Asna", hoy Cáncer ("Cnc"), visible abajo, en la línea eclíptica, y arriba dos de sus constelaciones colaterales: la Ursa Major ("UMa": Osa Mayor), y la Ursa Minor ("UMi": Osa menor), que desde luego, esos nombres distorsionados a mí me parecen absurdos y no equiparables al significado original de estas constelaciones el cual seguimos orando para poder recuperar (pero en realidad, unas osas con cola larga allá en el cielo son fantasías y no realidad)

Además a 3) Argo (el "Barco" que E. W. B. interpreta como la llegada de los cuatro puntos cardinales de aquellos considerados dignos de entrar al reino de Cristo que durará mil años antes de que Dios se venga definitivamente a vivir aquí a la tierra, que es lo que nos narran los preciosos dos últimos capítulos del Apocalipsis):

LAS CONSTELACIONES DEL CRISTO: *¡Los cielos narran su obra de salvación!*

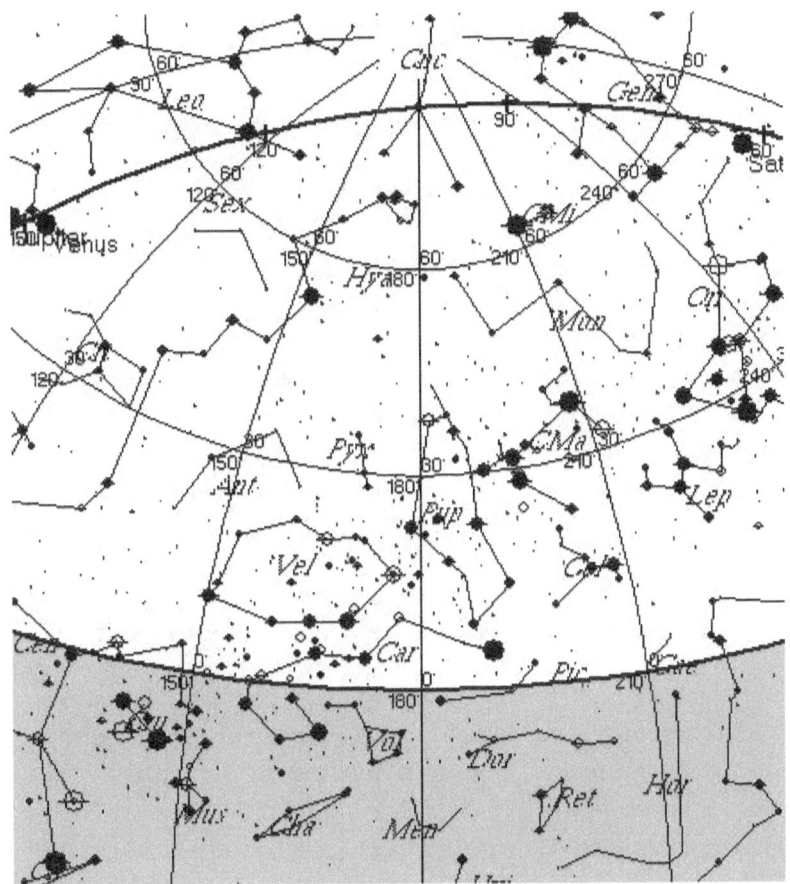

Aquí tenemos a la posición relativa de Cancer ("Cnc"), y abajo a la que era la constelación gigantesca antes llamada Argo, la cual fuera "despedazada" por los astrónomos contemporáneos para integrar las piezas que se observan allí abajo, siendo aún distinguibles las partes de un barco, *v.gr.*: Vela, luego Carina (la quilla o casco), Puppis (la popa), Pyxis (hoy la brújula del marinero pero que antes era el mástil), etc. (en cambio, aún los Maori y los Hindúes le llamaban "barco" en sus idiomas)

CAPÍTULO 12

La constelación de Leo la vemos entre julio y agosto

La escritura bíblica más directamente relacionada a esta constelación sale de la boca de Jacob cuando le dice a Judá:

"Cachorro de león, Judá; De la presa subiste, hijo mío. Se encorvó, se echó como león, así como león viejo: ¿quién lo despertará? No será quitado *(gr. ekleipsei: eclipsado)* el cetro de Judá, ni el legislador de entre sus pies *(heb. Raglaw: "Regulus")*, hasta que venga Siloh *(al que le corresponde)*..." Gn. 49:9-10.

Aquí recordando que el león del medio oriente, el cual está en peligro de extinción, a diferencia del africano, no es melenudo.

Los detalles astronómicos relacionados con esta constelación ya los cubrimos en nuestro estudio de la "Astronomía del nacimiento de Cristo", y sólo diremos que esta es una profecía astronómica de lo que se iba a estar viendo en el cielo alrededor del primer año de la vida de Jesús, cómo la luna cumplió con esta profecía al eclipsar a Régulo cuando Júpiter se encontraba en conjunción con él: ¡por dos veces!, dejándolo así establecido: que primero tomaría el cetro, y a la siguiente y última vuelta tomaría "el legislador", que era el decreto legal para gobernar. Habiendo sucedido esto dentro del ciclo de las tres conjunciones de ambos en el movimiento retrógrado de Júpiter (representación de la justicia divina), que se encontrara inmediatamente antes y después del mismo con Venus (representación de Jesús), y un poco antes, antes y después con Mercurio (Gabriel) y luego con Marte (Miguel), respectivamente (y en esta última ocasión estando muy cerca Mercurio y Venus)...

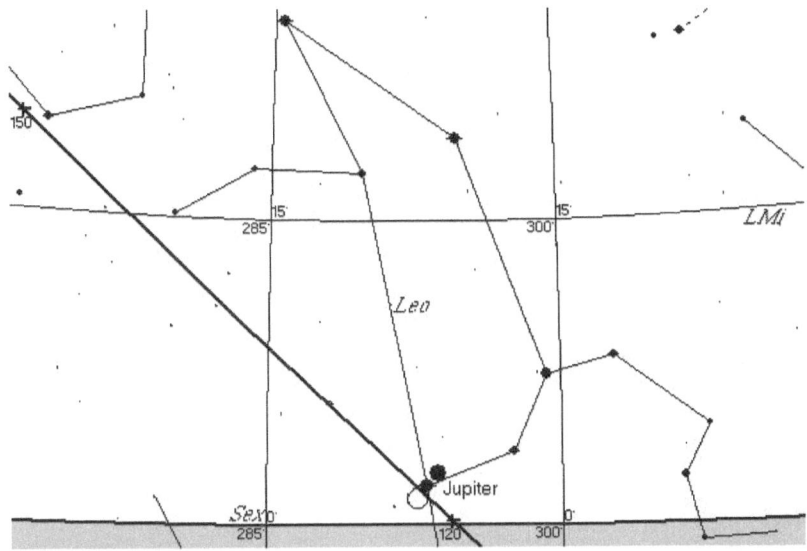

Aquí tenemos a Leo en su papel estelar en la historia de todo el universo: el momento mismo cuando la luna cubría a régulo por segunda vez mientras estaban alineados Régulo y Júpiter, la estrella real con el planeta real en la constelación real, significando así la transferencia profetizada por Jacob del decreto legal de gobernar a las manos del Mesías

A la tribu de Israel a la que pertenece este gran y último signo del zodiaco de "Leo" es a Judá (el cuarto hijo de Lea y el cuarto hijo cronológico de Jacob, la menos querida de Jacob al ser comparada con su hermana), a la que perteneció el creyente Caleb y de donde vino Jesús, y se encuentra al este también como la anterior y como aquella con la que comenzamos (Virgo), y ésta tribu, así como su insignia, se colocaban en la parte derecha central, justo a la derecha de Leví, si vemos al mapa desde arriba. Judá, como sombra de Jesucristo por ser su antepasado, está dispuesto a dar su vida por su hermano Benjamín en Egipto.

Algunas de las estrellas de Leo que narran su victoria son: "Regulus": "El hollar bajo las patas"; "Denebola": "El juez" o "El Señor que viene pronto" "; "Adhafera" (en la cabeza): "El mechón de pelo"; "Al Gieba" (en el cuello): "La exaltación"; "Chertan": "Las costillas".

Y finalmente, veremos las tres constelaciones colaterales de la doceava y última constelación, la de "Leo" (el "León"), siendo las otras constelaciones que le corresponden y que están fuera de la eclíptica, las siguientes: 1) Hydra (otra "Sierpe" que será derrotada por Cristo), 2) Cráter (la "Copa", que más bien para mi, su nombre indica que es un hueco lleno de lava, es decir, el famoso lago de fuego y azufre donde desde el principio de su gobierno, arroja Jesús al espíritu diabólico del "Falso Profeta" ("Capricornio") y a aquel del "Anticristo" ("Tauro")), y 3) Corvus (que es precisamente otra de las historias claramente delineadas del Apocalipsis, y consiste en esa época futura en la que todos los enemigos de Cristo van a ser derrotados y sus carnes van a ser dadas a las aves de rapiña y de carroña del mundo, y coincide con el mismo tiempo en el que los malos serán macerados en el lagar de su ira):

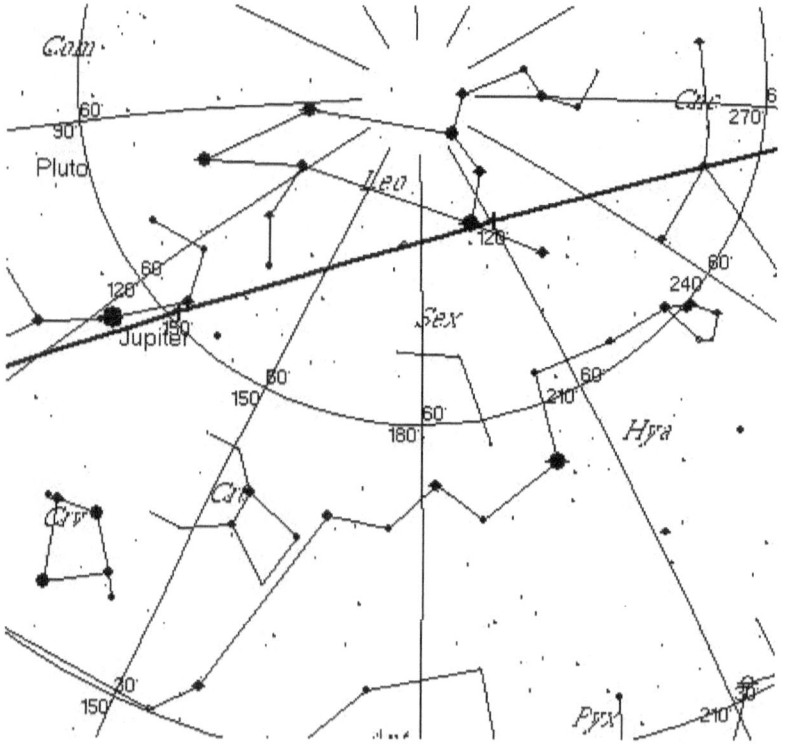

Aquí tenemos a la más portentosa constelación de todas: la de Leo, mostrando su victoria sobre la serpiente malvada Hydra ("Hay"), a la cual persigue y aplasta con sus garras delanteras para ponerse a reposar en victoria; esa serpiente, antes de morir recibe todas las copas de la ira de Dios: Cráter ("Crt"); y una vez muerta, recibe a las aves de carroña para que la consuman por completo: Corvus ("Crv"), con esta escena en el cielo se consuma la más completa y total victoria de Dios y Su ungido Jesús sobre el maligno y sus huestes: ¡Qué victoria tan espectacular!

CAPÍTULO 13

Conclusiones eclípticas y algo más

Aquí entonces tenemos a la información básica que se desprende de este primer libro de una manera ordenada:

1) Virgo, o la doncella, con sus tres constelaciones relacionadas, las cuales son: "Coma" ("Comah": "El deseado de las naciones", que representa a la madre, María, con su niño, nuestro salvador, Jesús, en su regazo), "Centaurus" (el salvador, Jesús, en su caballo derrotando al enemigo con su lanza), Böötes (el salvador, Jesús, derrotando a la serpiente que intenta apoderarse de la corona), y su tribu de Israel es Zabulón;

2) Libra, que es el "Teknon", el pequeño recién nacido de Virgo, por lo que representa a Jesús, que será el futuro sacrificio sobre el altar, lo cual también es cierto y es lo que simbólicamente Jesucristo hizo por nosotros, pero el entendimiento inicial más natural es aquel de un varoncito naciendo del vientre de su madre, y es así como el último libro de la Biblia nos lo presenta; sus tres constelaciones relacionadas son: Crux (la "Cruz del sur", que inicialmente es la letra "Tau" del alfabeto hebreo, siendo este el victorioso final de nuestra historia triunfal), Lupus (que es el lobo que es derrotado y sacrificado por el guerrero en su caballo del grupo anterior), Corona (la "Corona boreal"), cuya tribu de Israel es Leví.

3) Scorpio, o el gran dragón rojo queriendo "devorar" al hijo de la mujer, al verdadero y gran dragón rojo con las debidas proporciones para hacerlo; ésta constelación es entones en realidad: "El Gran Dragón Rojo"; sus tres constelaciones relacionadas son: Serpens (la serpiente queriendo alcanzar a la corona y estando sujeta por Ofiuco), Ophiuchus (el Ofiuco o sujetador de serpientes, es decir, Jesús, el que evita que la serpiente mayor alcance a la corona boreal, y que con su pié aplasta el corazón del dragón), "Hércules" (el héroe, Jesús, que aunque herido, aplasta la cabeza de Draco y lo arroja con fuerza fuera de toda posible influencia sobre otros, hasta dejarlo permanentemente en el lago de

fuego y azufre), y su tribu de Israel es Dan.

4) Sagitario, que es "El Jinete Cayendo del Caballo" ante la presencia de una serpiente (el gran dragon rojo del grupo anterior) en el camino del sol, es decir, en la eclíptica; sus tres constelaciones relacionadas son: Lyra (la que canta las alabanzas de los hechos heroicos del "Hércules", quien es Jesús), Ara (el horno con fuego consumidor para todos los enemigos de Dios, representa al gran lago de fuego y azufre en donde quedarán por siempre al final Satanás, su Anticristo y su falso profeta; E. W. B. dice poco aquí: "Este es un asterismo con nueve estrellas... En el "Zodiaco de Dendera" tenemos a un hombre en su trono, con un desgranador (azotador, golpeador, mayal) en su mano. Su nombre es "Bau": "Él viene", el mismo nombre que allí recibe "Hércules". Es del hebreo "Boh": "Venir" como en Is. 63:1, 4...: "—¿Quién es éste que viene (Bo) de Edom, de Bosra, con vestidos rojos? ¿Éste, vestido con esplendidez, que marcha en la grandeza de su poder? —Yo... Porque el día de la venganza está en mi corazón; el año de mis redimidos ha llegado". En árabe se llama "Al Mugamra": "La completación", o "El terminado". Los griegos usaban la palabra "Ara" algunas veces en el sentido de oración, pero más frecuentemente en el sentido de imprecación o maldición"), Draco (el dragón que se retuerce al ser arrojado y aplastado en su cabeza por el héroe "Hércules", quien es Jesús dadas todas las profecías que hablan sobre él) y su tribu de Israel es Aser.

5) Capricornio, que es la constelación de "El Falso Profeta", que algunos dicen que tiene todos los atributos del "Bafomet", el generador de artificios e inmerso en ardides; sus tres constelaciones relacionadas son: Sagitta (la flecha, o el dardo de fuego del maligno, dice E. W. B. de manera muy parca: Su nombre hebreo es "Sham": "Destruyendo" o "Desolada"; son alrededor de 18 estrellas de las cuales cuatro son de la cuarta magnitud: ¡Solamente gamma y delta están en la misma línea, mientras que el eje pasa entre alfa y beta), Aquila (el águila: Jesús, que cae herida por esa flecha) y "Delphinus" (aquí lo que nos dice E. W. B., esta vez sin dar referencias bíblicas convincentes, es: "En el planisferio Persa parece haber un pez y una corriente de agua, el egipcio tiene un recipiente derramando agua; los nombres antiguos conectados a esta constelación son "Dalaph" (en hebreo): "El flujo del agua"; y

"Scalooin" (en árabe): "Veloz"; "Rotaneb" (en sirio) y "Rotaneu" (en caldeo): "corriendo rápidamente""; entonces, esto para mí podría estar representando la sangre derramada por el "águila": Jesús, para nuestro bien), y su tribu de Israel es Neftalí.

6) Acuario, que es "El Ángel Derramando Una Copa de Ira"; sus tres constelaciones relacionadas son: "Piscis Australis" (E. W. B. dice muy poco de ella, es quizás de la que habla menos: es inseparable de Aquarius, en el zodiaco de Denderah se le llama "Aar": una corriente de aguas; su más importante estrella se llama en árabe "Fom al Haut": "la boca del pez"), "Pegasus" (E. W. B. señala: En Dendera hay dos caracteres inmediatamente por debajo del caballo: Pe y ka, es decir: Peka; y la relacionada "Pega", en hebreo es "El jefe", y "Sus" es "Caballo". Siendo ese el origen de "Pegasus" (nada que ver con las alas), su alfa o estrella más brillante (en el cuello del caballo en la unión con el ala), es "Markab" (heb.), que significa "Regresando de lejos", la beta (en el hombro) es "Scheat": "El que va y viene", la gamma (en la punta del ala) es "Al Genib" (ár.): "Que lleva", la epsilon (en el poro nasal) se llama "Enif" (ár.): "El agua"; la estrella eta ("h", en la pierna) Se llama "Matar" (ár.): "Que causa que fluya"), "Cygnus" (En Dendera es "Tesark": "Desde lejos"; Su estrella alfa (entre el cuerpo y la cola), se llama "Deneb" (como otra en Capricornio): "el juez" y "Adige": "volando con rapidez", la beta (en el pico) es "Al Bireo" (ár.): "volando veloz"; la gamma (en el cuerpo) es "Sadr" (heb.): "Quien regresa"; las dos en la cola, la p I y la p II, son: "Azel": "Quien va y regresa pronto" y "Fafage": brillando gloriosamente) y su tribu de Israel es Rubén.

7) Piscis, que en realidad es "Las espadas" de Simeón (aunque Leví también las blandió injustamente en contra de los de Siquem, cómo él ya tiene su constelación central: "Libra", que es también llamada "El sacrificio sobre el altar", le damos esta a su hermano); sus tres constelaciones relacionadas son: "The Band" (que entonces en realidad sería: "El doble filo de las dos espadas"), "Andromeda" (En Dendera su nombre es "Set", que significa (¡también! según E. W. B.) "set" (en inglés): "establecida como una reina", en heb. es "Sirra": "la encadenada", y "Persea": "la extendida". La estrella alfa (en la cabeza) es "Al Phiratz" (ár.): "la destrozada"; la beta (en el cuerpo) se llama: "Mirach" (heb.): "la débil"; la gamma (en el pié izquierdo) es "Al

Maach", o "Al Amak" (ár.), "derrotada"; otras estrellas son "Adhil": "la afligida"; "Mizar": "la débil"; "Al Mara" (ár.): "la en amargura". Arato (el que dijo que éramos "linaje divino", y a quien Pablo citó en Atenas) habla de "Desma": "la atada", y dice: "Sus pies apuntan a su prometido "Perseo", sobre cuyo hombro reposan". Así, a una voz, las estrellas de Andrómeda nos hablan de la hija cautiva de Sión, y su libertador por venir le habla a ella en: Jer. 14:17 ("...la virgen hija de mi pueblo ha sufrido una terrible desgracia, porque su llaga es muy dolorosa"); Is. 54:11-14 ("...¡Pobrecita, fatigada con tempestad, sin consuelo!... Con justicia serás adornada; estarás lejos de la opresión... y lejos del temor..."); 51:21 - 52:3 ("... oye esto, afligida... suelta las ataduras de tu cuello, cautiva hija de Sión..."), Cepheus (maravillosa constelación conclusiva de la victoria de Cristo, quien se sienta a reinar) y su tribu de Israel es Simeón.

8) Aries, representando a Jesús, con sus tres constelaciones relacionadas: "Cassiopeia" (Ulugh Beg (que significa "Gran gobernante", 1394 -1449), fue un regidor timúrido así como un astrónomo, matemático y sultán) dice que su nombre es "El Seder" (ar.): "La libertada". En Dendera su nombre es "Set" (como para Andrómeda, por lo que es la misma nación o persona representada)... Albumazar dice que antaño era llamada: "La hija de esplendor", y el significado de "Cassiopeia" (que es fácilmente distinguible por sus cinco estrellas más brillantes formando una "W" irregular): "La hermosa"; y es "Ruchba" (en ár.), y "Dat al cursa" (en caldeo): "La entronada". Su estrella alfa (en el seno izquierdo), es "Schedir" (heb.), que significa: "La libertada". Su beta (a lo alto de la silla), es "Caph" (heb.): "La rama", la de victoria que lleva en su mano izq., con la que está adornándose su pelo, y con la derecha se está arreglando sus túnicas; está sentada sobre el círculo Ártico, al lado de Cefeo, el Rey. Esta es "La novia", "La esposa del cordero", "La ciudad celestial", "La nueva Jerusalén", "Los participantes del llamamiento celestial". Is. 54:7-8, 61:10-11 (...mi alma se alegrará en mi Dios, porque me vistió con vestiduras de salvación, me rodeó de manto de justicia... y como a novia adornada con sus joyas...), 62:3-5 (...serás llamada Hefzi-bá, y tu tierra, Beula; porque el amor de Jehová estará contigo y tu tierra será desposada...); Jer. 31:3-12 (..."Con amor eterno te he amado; por eso, te prolongué mi misericordia. Volveré a edificarte: serás reedificada, virgen de Israel...);

Sal. 45:9-17 (...En lugar de tus padres serán tus hijos, a quienes harás príncipes en toda la tierra. Haré perpetua la memoria de tu nombre en todas las generaciones...); Ez. 16:14 (Tu fama se difundió entre las naciones a causa de tu belleza, que era perfecta por el esplendor que yo puse sobre ti, dice Jehová, el Señor)), Cetus (el monstruo marino que es derrotado por Aries, quien le clava dos espadas al corazón y reposa su pié derecho sobre su cabeza), "Perseus" (Llamada en heb. "Peretz", de donde tenemos el gr. "Perses" o "Perseus" (Rom 16:13). Es la misma palabra usada de Cristo en Miq. 2:13 cuando él con certeza "reunirá al remanente de Israel" (v. 12): "Subirá el_que_abre_caminos (Peretz o Paratz) delante de ellos... ¡Su rey pasará delante de ellos, y Jehová a su cabeza!". En Dendera su nombre es "Kar Knem": "El que pelea y subyuga". Su estrella alpha (en la cintura) se llama "Mirfak": "Que ayuda", la gamma (en el hombro derecho): "Al Genib": "Quien arrastra". La estrella en el pie izquierdo es "Athik": "Quien quebranta". Lleva una cabeza en su mano izquierda, que, por perversión, los griegos llamaron la cabeza de "Medusa", ignorando que su raíz heb. significa: "el aplastado bajo el pié", y también se le llama "Rosh Satan" (heb.): "La cabeza del adversario", y "Al Oneh" (ár.): "El subyugado", o "Al Ghoul": "El espíritu malo". La estrella brillante beta (en esta cabeza), nos ha llegado como "Al Gol": "rodando") y su tribu de Israel es Gad;

9) Taurus, sus tres constelaciones relacionadas son: Orion, "Eridanus", Auriga y sus sub tribus de Israel son Efraín y Manasés (hijos de José).

10) Gemini, que se trata de un lobo, y la constelación pareciera ser la cabeza de un lobo aullando; aquí, sus tres constelaciones relacionadas son: Lepus (En el planisferio Persa, se le representaba con una serpiente. En Dendera, es un ave inmunda (llamada "Bashti-beki": "La confundida que cae") la que está sobre la serpiente, y ambas bajo el pié de Orión. Su alfa (en el cuerpo) es "Arnebo" o "Arnebeth": "El enemigo del que viene", otras son "Nibal": "El loco"; "Rakis": "El atado" (ár), con cadena; "Sugia": "El engañador". Cuando el verdadero Orión: "El sol de justicia se levantará", "la verdadera luz" brillará sobre toda la tierra... (de Mal 4; Sal. 60:12: "Con Dios haremos proezas, y él aplastará a nuestros enemigos", Is. 63:3-4: "...el día de la venganza (contra los malos) está en mi corazón; el año de mis redimidos ha

llegado")), Canis Major (En el planisferio persa es "Zeeb" y se le representa como un lobo, que en heb., tiene el mismo significado. Su estrella alfa: "Sirius" (luego dice aquí E. W. B. que el inglés "Sir" (Señor) se deriva de esta palabra), la cual era, por los antiguos, siempre asociada con gran calor. Y a la más caliente parte del año se le sigue llamando: "los días de perros" (aunque, por la precesión de los equinoccios, cuando aparece hace tiempo que cesó de tener relación alguna con esos días. Virgilio dice que "Sirius": "Con pestilente calor infecta el cielo". Homero habló de ella como una estrella: "Cuyo aliento quemante contamina el aire enrojecido con fiebres, plagas, y muerte". La beta (en el pié delantero izquierdo), habla de la misma verdad: "Mirzam": "El príncipe o regidor" (pero pudiera ser el falso príncipe); la delta (en el cuerpo) es "Wesen": "La resplandeciente" (que pudiera ser la falsa luz). La epsilon (en la pata trasera derecha) es "Adhara": "La gloriosa" (pero, de nuevo, pudiera ser una falsa gloria). Otras estrellas no identificadas, dan su testimonio del mismo hecho: "Aschere" (heb.): "Quien vendrá", "Al Shira Al Jemeniya" (ár.): ¡"El Príncipe o jefe de la mano derecha"! (pero aquí de nuevo vemos que esa era precisamente la posición del Adversario: Satán, quien era Lucifer, a la diestra de Dios), "Seir" (egipcio): "El Príncipe"; "Abur" (heb.) y "Al Habor" (ár.): "El poderoso", "Muliphen" (ár): "el líder" o "el jefe"), Canis Minor (El nombre egipcio en el "Zodiaco de Dendera" es "Sebak": "Conquistando", "Victorioso", y allí se representa como una figura humana con la cabeza de un halcón y terminando en una cola. Esta pequeña constelación tiene solamente 14 estrellas conforme al Catálogo Británico: Su alfa (en el cuerpo), se llama "Proción": "Redentor", y nos dice que este glorioso Príncipe no es otro que aquel que fue sacrificado. Esto es confirmado por la estrella beta (en el cuello), que se llama "Al Gomeisa" (ár.): "La agobiada" (por otros). Otras son: "Al Shira" o "Al Shemeliya" (ár.): "El príncipe" o "El jefe de la mano izquierda" (lo único que se me ocurre al escuchar "mano izquierda" es que Jesús pudiera estar siendo visto por nosotros frente a ellos, ya que aún cuando él está al lado derecho de Dios, para nosotros, que estamos en frente de ellos, él está a nuestra izquierda), y ésta le responde al nombre de la estrella "Sirius", "Al Mirzam": "El príncipe" o "El gobernante"; y "Al Gomeyra": "Quien completa" o "Perfecciona") y su tribu de Israel es Benjamín. Cristo rompe el club de Satán y del Anticristo y Bafomet.

11) Cáncer, que con una mayor precisión se trata de: "El asna y su pollino" (Asellus Australis y Asellus Borealis), representando a la final entrada triunfal de Cristo como Rey de reyes y Señor de señores; sus tres constelaciones relacionadas son: "Ursa Minor" (Su nombre hebreo es "Dohver": "Rebaño" (y "Dohv" significa "Osa", por lo que un error en traducción trajo la confusión), y en árabe es "Dubah": "Ganado"; E. W. B. la llama: "El aprisco (rebaño de ovejas) menor"; su estrella más brillante o alfa (en la punta de la cola), es la más importante en todos los cielos: ¡"Al Ruccaba"!: "La girada" o "La surcada", siendo hoy la estrella "Polar" o central estrella, la que no orbita en un círculo como lo hacen todas las otras estrellas, sino que permanece, aparentemente, fija en su posición. Sin embargo, este punto central en los cielos muy lenta pero continuamente se está moviendo. Cuando estas constelaciones fueron formadas, el dragón poseía este punto importante; ¡y la estrella alfa en Draco, marcaba este punto central. Pero, por su recesión gradual, perdió su posición, la cual fue tomada por esta "Polaris", luego E. W. B. presenta la siguiente gran verdad de una manera cósmica: "**De cierto te bendeciré y multiplicaré tu descendencia como las estrellas del cielo y como la arena que está a la orilla del mar; tu descendencia se adueñará de las puertas de sus enemigos**" (Gn. 22:17) y la polar era llamada "Cinosura" en gr., y Arato parece aplicar este término a todas las siete estrellas, pero esa palabra posiblemente sea eufratea en origen, de una palabra que se translitera "An-nas-surra": "De alta elevación", *v.gr.*: "En su posición celestial" (Brown, R. "*Euphratean Stellar Researches*". La estrella beta se llama "Kochab": "Esperando en aquel que viene". Otras estrellas son "Al Pherdadain" (ár.): "los terneros", o "Los jóvenes" (como en Dt. 22:6: "Cuando encuentres por el camino algún nido de ave en cualquier árbol, o sobre la tierra, con pollos o huevos, y la madre echada sobre los pollos o sobre los huevos, no tomarás la madre con **los jóvenes**"): "La asamblea de los redimidos". Otra es "Al Gedi": "El cabrito", otra es "Al Kaid": "Los congregados"; mientras que "Arcas", o "Arctos" (de donde derivamos el término "regiones Árticas"), significa: "una compañía de viajeros" o según otro: "La fortaleza de los salvos")), "Ursa Major" (Los árabes aún la llaman "Al Naish" o "Annaish": "Los reunidos", como ovejas en un rebaño. Los antiguos comentaristas judíos interpretaban a "Ash" como las siete estrellas de esta constelación;

otros las llaman "Septentriones", que así llegó a ser la palabra latina para el "Norte". Su estrella alfa (en la espalda), es "Dubhe", que como hemos visto, significa manada de animales, o un rebaño, y le da su nombre a toda la constelación. La beta (debajo de ella) se llama "Merach" (heb.): "El rebaño" (y en ár.: "comprados"). La gamma (a la izquierda de beta) es "Phaeda" o "Phacda": "Visitada", "Guardada", o "Numerada", como un rebaño; para sus ovejas, como las estrellas, que están tanto numeradas y nombradas. (Sal. 147:4: "Él cuenta el número de las estrellas; a todas ellas llama por sus nombres"). La epsilon es "Alioth" (un nombre que ya hemos tenido en Auriga), significando: "cabrilla". La zeta (en medio de "la cola") se llama "Mizar": "Separada" o "Pequeña", y cercana a ella "Al Cor": ¡"El cordero"! La eta (al final de esa supuesta "cola") se llama "Benet Naish" (ár.): "Las hijas de la asamblea". También se llama "Al Kaid": "Los reunidos". La iota (en su pie derecho) se llama "Talitha" (arameo): "niñita". Otras son: "El Alcola" (ár.): ""el redil" (como en Sal. 95:7: "...Él es nuestro Dios; nosotros, el pueblo de su prado y ovejas de su mano..."; y 100:3: "...Jehová es Dios; él nos hizo y no nosotros a nosotros mismos; pueblo suyo somos y ovejas de su prado"); "Cab'd al Asad": "Multitud", o "Muchos reunidos"; "Annaish": "Los congregados"; "Megrez": "Separados", como el rebaño en el redil; "El Kaphrah": "Protegido", o "Cubierto" (y en heb.: "Redimido y rescatado"); "Dubheh Lachar" (ár.): "La manada (o rebaño) tardío (o último)"; "Helike" (así llamada por Homero en la Ilíada): "Compañía de viajeros"; "Amaza" (gr.): "Viniendo y yendo"; "Calisto": "El redil establecido (o designado)"; *v.gr.*: Ez. 34:12-16: "...Yo apacentaré mis ovejas y les daré aprisco, dice Jehová, el Señor. Yo buscaré a la perdida y haré volver al redil a la descarriada, vendaré la perniquebrada y fortaleceré a la débil; pero a la engordada y a la fuerte destruiré: las apacentaré con justicia"), "Argo" (el Barco, hoy fragmentado en sus componentes, como se verá) y su tribu de Israel es Isacar.

12) Leo, sus tres constelaciones relacionadas son: Hydra, "Crater", Corvus y su tribu de Israel es Judá.

En mi presentación en vivo, termino yo la primera presentación con una foto que me gustó bastante de alguna escultura o estatua al aire libre de algún héroe en algún lugar de este planeta que se encuentra levantando ambas manos, y con la mano derecha, la noche en la que el fotógrafo tomó la foto, se le observa apuntando a la constelación eclíptica que lo inicia todo: Venus, y con la mano izquierda apunta a la constelación que lo concluye todo Leo.

Ahora, todo esto es muy hermoso el saberlo, pero como Jesús lo enfatiza, más bien: "**Regocijaos de que vuestros nombres están escritos en los cielos**" Lc. 10:20.

Como se podrá apreciar no se exploró a todo detalle toda escritura profética con conexión astronómica de la Biblia, ni siquiera se agotaron las posibilidades explicativas de las dos oraciones astronómicas póstumas para con las tribus realizadas tanto por Jacob como por Moisés, eso haría interminable este tópico, por lo que queda abierto a un mayor interés por parte del lector y a subsecuentes investigaciones.

LIBRO SEGUNDO:

CRISTO EN LAS CONSTELACIONES NO ECLÍPTICAS

INTRODUCCIÓN DOS

Habiendo ya visto algo acerca de las constelaciones eclípticas y su relación con Cristo, ahora vamos a ver algo también acerca de aquellas constelaciones que se encuentran fuera de la eclíptica.

Como con lo anterior, aquí decimos que el tema no está agotado, sino que más bien apenas comienza a despertar interés para que aquellos que aman a Dios de corazón puedan preservar Su información que Él grabara en los cielos para nuestro beneficio, como las cartas de amor de un padre que se interesa atentamente por nosotros y cuida de todas nuestras necesidades físicas, espirituales e intelectuales…

Además, quisiera enfatizar aquí que nada de lo que hemos visto hasta ahora, ni de lo que vamos a ver a continuación, consiste en la última palabra en estas investigaciones, sino todo lo contrario, que esto les sea una motivación para profundizar aún más en las maravillas de Dios, y en el desear conocerlo aún más y mejor, y para este contexto astronómico: recuperar por completo el sentido original de las constelaciones celestes.

Dado que lo aquí escrito corresponde a varias presentaciones independientes, pudiera haber cierta redundancia, sobre todo en la constelación eclíptica del rey: Leo.

Para este libro he recurrido a actualizar algunas de las transparencias presentes en: http://fdocc.ucoz.com/2/03_witness_of_the_stars_final.pdf y originalmente presentadas en inglés junto al tema del primer libro, y a: https://youtu.be/Loz0fFZOU2Y y en https://youtu.be/fFrPuuzrL7g

Fernando Castro Chávez

11 de septiembre 2019

CAPÍTULO UNO

Las estrellas están allí para dar entendimiento

Para comenzar con este segundo libro me gustaría presentar esta escritura de la Biblia:

"Él cuenta el número de las estrellas;
a todas ellas llama por sus nombres.
Grande es el Señor nuestro, y mucho su poder,
y su entendimiento es infinito" Sal. 147:4-5.

Por lo tanto, si Dios conoce cada una de las estrellas de este universo por su nombre, con mayor razón podemos consultarlo directamente a Él y preguntarle acerca de las constelaciones que Él tuvo en bien dejar para nuestra vista desde la tierra, con el fin de darnos profecías y mensajes por medio de ellas, como las que veremos a continuación. Dios desde un principio nos indicó que las estrellas serían para darnos luz, para darnos entendimiento:

"Dijo luego Dios: «Haya lumbreras en el firmamento de los cielos para separar el día de la noche, que sirvan de señales para las estaciones, los días y los años, y sean por lumbreras en el firmamento celeste para alumbrar sobre la tierra» Y fue así" Gn. 1:14-15.

Y estas "lumbreras" tienen una razón espiritual sobrenatural, así como una belleza inherente:

"»¿Podrás tú anudar los lazos *(gr. Desmon; v.gr.: al grupo)* de las Pléyades *(heb. Kimah, gr. Pleiadas)*?
¿Desatarás las ligaduras *(heb. Moshekowt: banda, cuerda, v.gr.: ¡el cinturón!, gr. fragmon)* de Orión *(heb. Kesil, gr. Orionos)*?
¿Haces salir a su *(debido)* tiempo las constelaciones *(en heb. Mazzaroth: los signos del zodiaco)* de los cielos?
¿Guías a la Osa Mayor *(en heb. Ayish y en gr. Hesperon: ¡Venus!)* con sus hijos *(en heb. Baneha: secuela; en gr. Komes: lo que lo sigue, y también "cauda", de allí la palabra "cometa")*?

¿Conoces las leyes de los cielos?
¿Dispones tú su dominio *(periodicidad)* en la tierra?"
Job 38:31-33.

Lo más sorprendente de todo esto es que lo que sigue al Hesperón, también llamado "Hesperus", que es "Venus" (la "estrella" (planeta: "estrella móvil") vespertina (de ahí el nombre) y matutina), lo que siempre va detrás de él quise decir: ¡somos nosotros!: ¡el planeta tierra!, y sabemos que Cristo es "la estrella resplandeciente de la mañana", es decir, que está representado en: "Venus".

En otra escritura de Job se vuelve a recalcar la importancia astronómica para con Dios:

"**Él hizo la Osa** *(heb. Ash (que difiere ligeramente del anterior que era Ayish; normalmente las consideran lo mismo), gr. Hesperon: ¡Venus!)* **y el Orión** *(heb. Kesil, gr. Arktouron)*, **las Pléyades** *(heb. Kimah, gr. Pleiada)* **y los más remotos lugares** *(heb. Hadre, gr. Tameia: cámaras: constelaciones)* **del sur**"
Job 9:9.

Entonces, hasta ahora, mi entendimiento indica que las palabras hebreas "Ayish" y "Ash", así como la palabra griega "Hesperon" que es como se traducen las dos anteriores, se refieren: ¡al planeta Venus!, más no a la "Osa Mayor"; de nuevo, para mi entendimiento no tiene sentido ver una osa allá arriba en el cielo.

Entonces, al juntar estas escrituras vemos que Dios le habla a Job acerca de los siguientes cuerpos celestiales que se repiten dos veces: 1) ¡Venus! (que al ser la representación de nuestro Señor Jesucristo toma pleno sentido y valor), 2) las Pléyades (ese bello conjunto de estrellas que como una joya preciosa adornan a Tauro), y 3) Orión.

Aparte, en una ocasión se mencionan en su conjunto 1) a todas las doce constelaciones de la eclíptica, 2) y a lo que sigue detrás de Venus: ¡que somos el planeta tierra! Y en la otra escritura que citamos al último se mencionan 3) a las "cámaras del sur", que eran las constelaciones prácticamente imposibles de ver desde el Medio oriente en el que estaban hablando, ya que están muy al sur.

LAS CONSTELACIONES DEL CRISTO: *¡Los cielos narran su obra de salvación!*

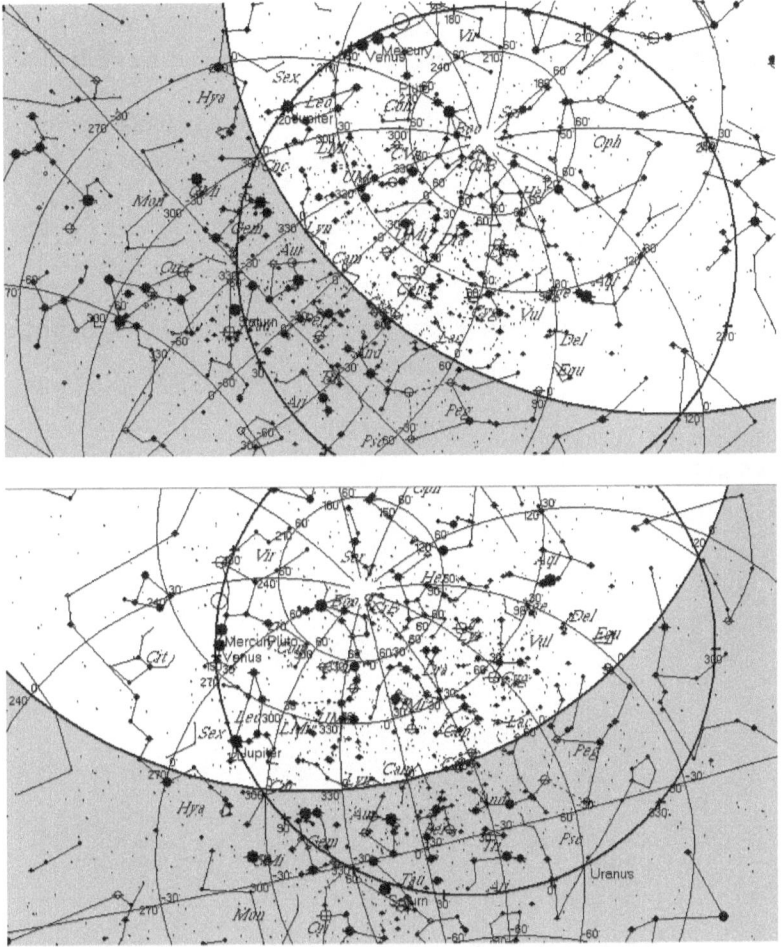

Dos vistas del planisferio, la eclíptica (el paso del sol) se muestra como el círculo casi completo que toca tanto al día, la parte blanca, como la noche, la parte gris, el día corresponde al 11 de septiembre del año 3 A.C., a las 5:15 de la tarde, antes de que Spica (Semah) se posara sobre el horizonte al momento del nacimiento de Cristo y comenzaran a sonar las trompetas de plata y los shofar (cornos de cuernos de carnero)

Como ya veíamos en el libro primero, y aparte del libro del Apocalipsis, las otras dos secciones grandemente proféticas desde el punto de vista de lo que narran los cielos, de la astronomía tanto bíblica como profética, son las palabras póstumas tanto de Jacob como las de

Moisés, aquí tan sólo las citaremos, por ejemplo, la primera corresponde al capítulo completo de Gn. 49, que comienza diciendo:

"**Llamó Jacob a sus hijos, y dijo: —Acercaos y os declararé lo que ha de aconteceros en los días venideros...**" Gn. 49:1...

La otra profecía astronómica póstuma es el capítulo entero de Dt. 33, el cual comienza así:

"**Ésta es la bendición con la cual Moisés, varón de Dios, bendijo a los hijos de Israel, antes de morir...**" Dt. 33:1...

Pero como comentaba, aquí no exploraremos en detalle estos dos majestuosos capítulos.

CAPÍTULO DOS

El sujetador de serpientes y aplastador de dragones

Pero si ahora queremos comenzar con la profecía más motivadora tanto para Cristo como para nosotros que somos de él y que somos miembros de su mismísimo cuerpo, aquí tenemos a la siguiente, referente a como se observa el Ofiuco que representa a Cristo, y por ende a nosotros fundidos en él, en el cielo:

"Sobre el león y el áspid pisarás; Hollarás al cachorro del león y al dragón" Sal. 91:3.

Otra escritura poderosa relacionada con esto es la siguiente:

"...**Sobre el león y el áspid pisarás; hollarás al cachorro del león y al dragón** *(tannyin)*. **Por cuanto en mí ha puesto su amor, yo también lo libraré; le pondré en alto, por cuanto ha conocido mi nombre**" Sal. 91:13b-14.

Y es precisamente el versículo que se cita primero el que Sinead O'Connor pone en su primero y valeroso álbum llamado *"The lion and the cobra"*, y también Enya recita Sal. 91: 11-13 en su nativa lengua gaélica al principio de una de las canciones de dicho álbum de Sinéad (*"Never get old"*). Bien por ellas que han sido valientes en proclamar la verdad independientemente de sus problemas personales y de las críticas y opiniones opositoras.

Ahora, la palabra que vemos arriba para "dragón" es en hebreo *"tannyin"*, la cual según la concordancia exhaustiva de Strong significa: dragón: "De una raíz inusual quizás significando alargar; un monstruo (formado de manera extraordinaria), *v.gr.*: una serpiente marina (u otro gigantesco animal marino); también una hiena (u otro animal terrestre repulsivo) – dragón, "ballena", Compare heb. *"Tanniyn"*."

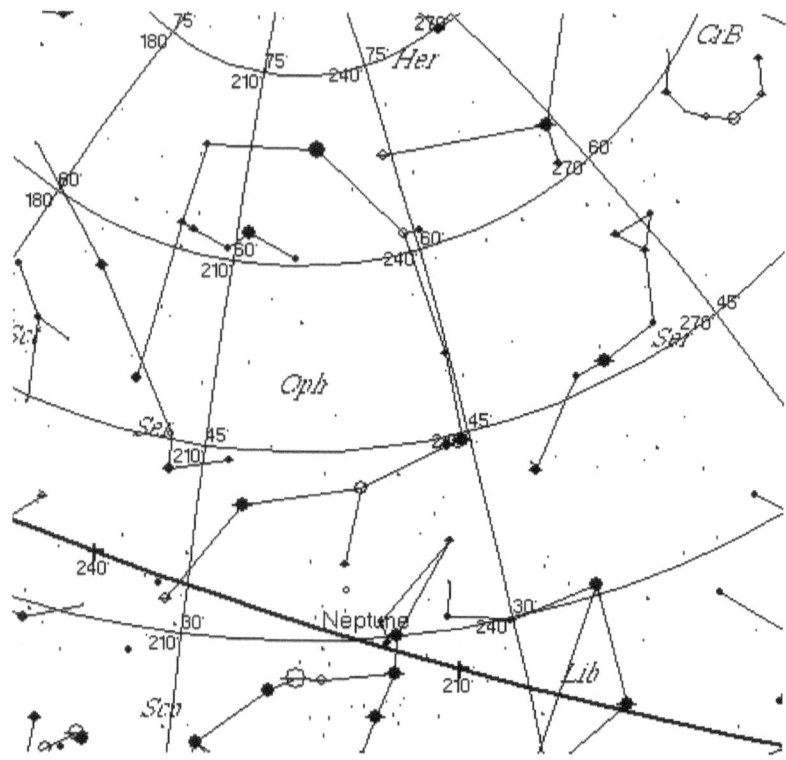

En esta porción celestial lo que vemos es abajo al gran dragón rojo ("Sco"), el que intentó devorar al bebé, siendo aplastado por la pierna del sujetador de serpientes ("Oph"), quien a su vez está sujetando a la serpiente ("Ser"), la cual quiere apoderarse de la Corona ("CrB")

Algunas escrituras que se refieren a leones, pero en una connotación negativa son, por ejemplo, volviendo a Dan:

"A Dan dijo: Dan es cachorro de león Que salta desde Basán" Dt. 33:22.

Y luego tenemos a esta del N.T., muy famosa, respecto al maligno:

"Sed sobrios, y velad; porque vuestro adversario el diablo, como león rugiente, anda alrededor buscando a quien devorar" 1 Pe. 5:8.

Escrituras proféticas de esta victoria anunciada en los cielos son las siguientes:

"**Pondré enemistad entre ti** *(serpiente)* **y la mujer, y entre tu simiente** *(serpiente)* **y la simiente suya** *(de la mujer)*; **ésta** *(y esa simiente es Jesús: ¡y ahora los que somos miembros de su cuerpo!)* **te herirá en la cabeza, y tú** *(serpiente)* **le herirás en el calcañar**" Gn. 3:15.

Y precisamente Ofiuco (así como ese Hércules de la leyenda), ha sido mortalmente mordido por la hidra o serpiente de siete cabezas, pero ese morir es temporal, ya que a las 72 horas lo levanta Dios a vivir para siempre. Otra escritura altamente relacionada con todo esto que vemos en el cielo es:

"**…Yo veía a Satanás caer del cielo como un rayo. He aquí os doy potestad de hollar serpientes y escorpiones, y sobre toda fuerza del enemigo, y nada os dañará. Pero no os regocijéis de que los espíritus se os sujetan, sino regocijaos de que vuestros nombres están escritos en los cielos**" Lc. 10:18b-20.

Sin embargo, la leyenda del doctor "Aesculapio" fue la distorsión griega de ésta constelación, diciendo que él era un sanador capaz de levantar a la gente de entre los muertos; y llegó a ser la base del símbolo de la medicina, semejante a la serpiente de bronce de Moisés. Ahora tenemos ese símbolo de una serpiente enredada en un palo vertical en la O.M.S. (y antes estaba en el Servicio de salud de la república de los E.U.A. desde 1798).

Y quisiera ahora agregar una más de estas poderosísimas escrituras que hablan de que el poder que tenemos para vencer al mal es exactamente el mismo que Jesucristo tuvo, tiene y tendrá:

"**En mi nombre echarán fuera demonios; hablarán nuevas lenguas; si acaso tomaren en las manos serpientes, y si bebieren cosa mortífera, no les hará daño; sobre los enfermos pondrán sus manos, y sanarán**" Mr. 16:17-18.

Y esto mismo que Jesús presentó aquí de manera profética se cumplió en Pablo (en Hch. 28:3-6]), ¡y se sigue cumpliendo en todo aquel que cree!

Ahora, y en relación con la "Corona boreal" he de decir que la clase de coronas orientales más comunes era la famosa diadema, remedando pero de un gran valor por el oro y las piedras preciosas que contenía, a un laurel de victoria o a una guirnalda de oliva, y es por eso que pongo las evidencias de esa clase de coronas o laureles delgados, más semejantes a una diadema pero de alto valor, que se ven en las monedas de los gobernantes del mundo antiguo, por ejemplo una de ellas dice: "*Olivard Grpangsco Ethie & Pro*", otra dice, copiando el estilo antiguo pero siendo más reciente: "*Georgius IIII D: G: Britanniae: Rex F: D:*", hay otra que parece persa, pues la porta un varón barbado, con una bella diadema doble, como de perlas redondas, teniendo al centro con una gran rueda como de oro con otra ruedita menor arriba de esa, tiene algunas letras pero no entiendo lo que dice, pero parece que dice algo así como: "*Hellevilia Hvieravg*". Pero lo que sí me queda un poco más claro es que: La Corona Borealis, es en realidad una "Diadema Real" que es "*Atarah*" en hebreo, siendo su estrella más brillante o alfa "*Al Phecca*": "La resplandeciente". Otra escritura que se aclara al saber esto es:

"Entonces vi el cielo abierto; y he aquí un caballo blanco, y el que lo montaba se llamaba Fiel y Verdadero, y con justicia juzga y pelea. Sus ojos eran como llama de fuego, y había en su cabeza muchas diademas… *(¡¡¡Y también nosotros vamos a tener esta clase de coronas!!!)* **y su nombre es: EL VERBO DE DIOS"** Ap. 19:11-13.

Esto tiene sentido, en comparación con la forma en que alguna secta norteamericana quiso presentar a este Cristo cargando en su cabeza tantas coronas gruesas de oro estilo Enrique VIII que parecía tener una gran cantidad de pasteles sobre la cabeza que ya casi se le caían, lo que me pareció ridículo ya desde el principio aún cuando entonces yo no supiera nada de griego, pero ahora esto me hace sentido por ser esta clase de diademas delgadas.

CAPÍTULO TRES

Degollando a la serpiente que intenta robarse lo que le pertenece a Cristo

En la constelación hoy llamada "Böötes" proseguimos con la historia de salvación según es narrada en los cielos, en este caso, el Mesías tiene la hoz para cortarle el cuello a la serpiente que intenta apoderarse de la Corona Borealis:

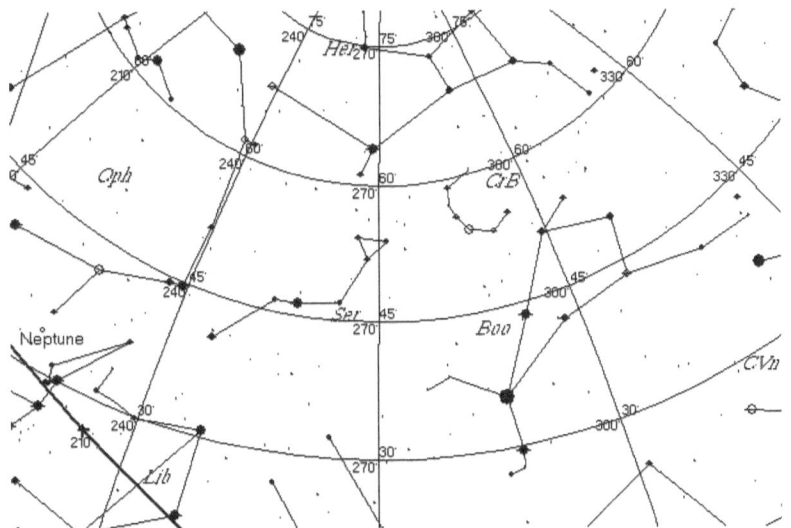

Aquí tenemos al Mesías representado por la constelación de Böötes ("Boo"), que es un varón con una hoz en su mano izquierda listo para soltar el golpe que le cortará el cuello de la serpiente ("Ser") que intenta apoderarse de la Corona Borealis ("CrB")

Así de que Cristo le da su merecido en esta constelación a la serpiente que intenta robarse lo que le pertenece a él.

Aquí, E. W. B. eligió el siguiente versículo para ilustrar a esta constelación en un contexto bíblico ya que se usa la palabra hebrea raíz de su nombre: "Bo":

"...Delante de Jehová que vino *(bo)*; **porque vino** *(bo)* **a juzgar la tierra. Juzgará al mundo con justicia, y a los pueblos con su verdad**" Sal. 96:13

La estrella más brillante de esta constelación se encuentra precisamente en el lugar que corresponde al centro de la virilidad y masculinidad de esta constelación, y se llama: Arcturus, como algunos llaman a la constelación entera.

Otro salmo poderoso que describe con palabras lo que aquí vemos en imágenes celestiales es el siguiente:

"...**Quebrantaste cabezas de monstruos en las aguas. Magullaste las cabezas del leviatán**..." Sal. 74:13-14.

CAPÍTULO CUATRO

Ya herido aplasta la cabeza del dragón y lo arroja al abismo

En esta constelación que continúa la temática que le precede mediante las dos constelaciones anteriores, es en la que vemos al supuesto "Hércules", quien en realidad corresponde a Cristo aplastando la cabeza del dragón Draco:

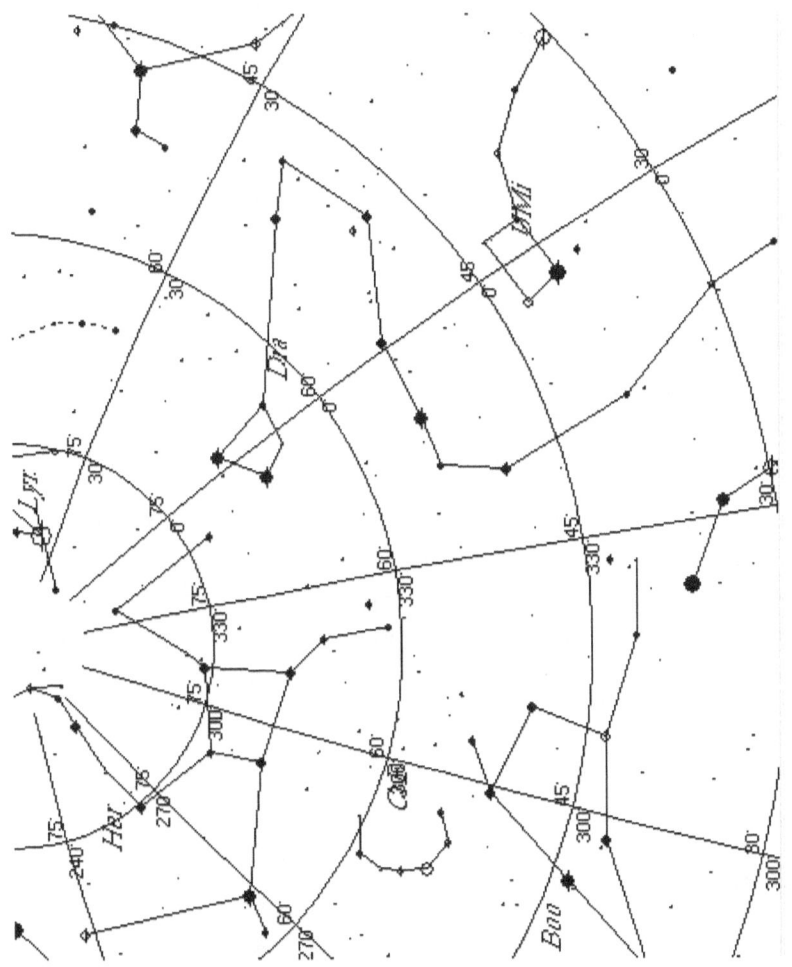

Aquí tenemos (de cabeza) para guardar relación con las

anteriores, al Hércules ("Her") quien en realidad es Jesucristo, hincado con su pierna izquierda, como herido, y levantando un gran mazo con la mano izquierda; y además, tiene la planta de su pié derecho posada sobre la cabeza del dragón Draco, quien en realidad corresponde a Satán, el cual se encuentra retorcido alrededor de la estrella Polaris, mostrando que él quiso usurpar esa posición que no le correspondía, y que por eso es arrojado al final de todo engaño suyo, al lago de fuego y azufre (a la derecha se observa la Corona Borealis ("CrB") como punto de referencia), luego tenemos la constelación enfrente del rostro de la de Hércules llamada Lyra ("Lyr"), la cual está cantando sus alabanzas por sus hazañas heroicas

La escritura más tremenda que nos habla de este momento desde el principio, y que ya hemos visto pero que es tremenda, es:

"...y entre tu simiente *(serpiente)* y la simiente suya; ésta *(Jesús)* te herirá en la cabeza, y tú le herirás en el calcañar" Gn. 3:15b.

Luego, la escritura específica que habla en el Apocalipsis acerca del otro evento que también se observa en la constelación, ya que no solamente es el macerar la cabeza del dragón o serpiente antigua, sino el de arrojarlo para siempre de todos los posibles lugares donde pueda causar daños:

"Y fue lanzado fuera el gran dragón, la serpiente antigua, que se llama diablo y Satanás, el cual engaña al mundo entero; fue arrojado a la tierra, y sus ángeles fueron arrojados con él. Entonces oí una gran voz en el cielo, que decía ...ha sido lanzado fuera el acusador de nuestros hermanos, el que los acusaba delante de nuestro Dios día y noche" Ap. 12:9-10.

Y de nuevo cabe aquí en esta escena algo que ya habíamos visto cuando estudiábamos antes a Ofiuco, el Sal. 91:13 de hollar al dragón, ahora aplicado a esta constelación de Hércules aplastando la cabeza del dragón Draco.

Luego describo la representación indígena de Norteamérica de la constelación del Draco, serpiente o dragón tortuoso, llamado el

"Montículo de la serpiente", dibujado inicialmente para la academia por Squier y Davis en 1848. Luego me di cuenta de que esta constelación era otra fijación de los pueblos prehispánicos y pre-británicos así como la del "Scorpio" en su otro "Montículo del caimán", ya que a este Draco lo tenían representado con diversas fieras, por ejemplo en lo que llaman "Gorgueras" de los indígenas, es sorprendente que el orificio para la cabeza corresponde a la estrella "Polaris", y lo que la rodea es la representación indígena de "Draco", al que a veces lo representaban como un leopardo sacando una legua viperina (los indios de Missouri) y a veces como otra clase de bestia innombrable de cuerpo tortuoso como esa constelación (los indios de Texas), y en esta última representación vemos que la bestia está tocando a "Polaris" con sus garras delanteras (que es lo que quisiera haber logrado el Adversario), según los dibujos realizados por Phillips and Brown, 1978:214.

La placa histórica para este montículo dice así: Ohio: Marcador histórico: "Montículo de la serpiente": Una de los montículos con efigies más espectaculares... es una gigantesca escultura de barro representando a una serpiente. Construida en un saliente de roca con vista al "Arroyo Brush" en Ohio aprox. en el año 1000 D.C. por la cultura antigua de Fort... tal vez un sitio de ceremonias dedicadas a un "poderoso espíritu de serpiente" (nota: así dice allí). El sitio se localiza al borde de un cráter masivo, posiblemente formado por el impacto de un pequeño asteroide... Frederic Ward Putman (lo) estudió... entre 1886 y 1889. Debido grandemente a sus esfuerzos.... llegó a ser la primera reserva arqueológica financiada de manera privada en los E. U." "La Comisión del Bicentenario de Ohio"; "La Sociedad Histórica de Ohio", 2003, 15-1.

Luego dichos autores presentan su estudio exhaustivo de la distribución de la creencia entre los indígenas de Norteamérica en dos de las formas principales de ese Draco o "La Gran Serpiente": Como si fuera una serpiente cornuda, nos presentan diez representativos de esa creencia: los indios Micmac, los Passamaquoddy, Penobscot, Malecite, Huron, Kikapoo, Cherokee, Koasati, Alabama y los Caddo; luego los que representan a Draco como una "Pantera", nos muestran a otros diez: los indios Winnebago, Ojibwa, Arikara, Iroquois, Illinois, Omaha, Miami, Ponca, Shawnee, y los Natchez; y finalmente, los grupos indígenas que combinan los dos atributos en Draco (como una "Pantera serpentina cornuda"), otros "diez": los Dakota, los Mandan, Hidatsa, Cheyenne, Delaware, Sauk, Fox (éstos dos a veces los toman como si fueran los mismos), Menomini, Muskogee y los Tunica. Desde luego que no son todas las tribus indígenas pero son diez representativas de cada "creencia" u "ocurrencia" para representar a Draco y luego considerarlo por ellos como una "deidad".

Si nos damos cuenta una vez más, las distorsiones de las revelaciones originales que se llevaron las diversas naciones a partir de la dispersión de Babel, aún nos permiten ver las sombras de la verdad original de sentido inicial de las constelaciones; y para mostrar un ejemplo más reciente de cómo ha sido posible que la verdad se vaya distorsionando, aquí les pongo los ejemplos de "Hércules" y de "Jasón", que se robaron los griegos de la verdadera historia de "Jonás", que de hecho afecta también a nuestro Señor Jesús, ya que Jonás y su estar en el vientre del gran pez era sombra de Jesús estar en el sepulcro muerto también esos mismos tres días y tres noches: "En el vientre del monstruo marino, la mitología dice que Hércules, y después que Jasón, permanecieron: ¡"tres días y tres noches"!... una perversión introducida por Licofrón, quien viviendo en la corte de Ptolomeo Filadelfo, bajo cuyos auspicios las escrituras hebreas fueron traducidas al griego, habría sabido del milagro divino hecho a Jonás, y de su aplicación al que habría de venir..."

Esto anterior. es una clara muestra, con el nombre del responsable griego y toda la cosa, de cómo fue posible que las verdades bíblicas que se aplicaban al Mesías que habría de venir, las aplicaron a sus propios "héroes" griegos inventados, y en el caso anterior, no solamente aplicadas a un personaje ficticio griego, ¡sino a dos!

Luego, de la constelación de Lyra, enfrente de y la que canta las alabanzas a Hércules, es decir a Cristo, tenemos los nombres representativos de algunas de sus estrellas: "Sulafat": Ascendiendo; "Sheliak": Águila; y su más luminosa y bella: "Vega": "Será exaltado".

El par de versículos que pone E. W. B. al lado de esta constelación son:

LAS CONSTELACIONES DEL CRISTO: *¡Los cielos narran su obra de salvación!*

"**Sean consumidos de la tierra los pecadores, Y los impíos dejen de ser. Bendice, alma mía, a Jehová. Aleluya**" Sal. 104:35 y

"**Después de esto oí una gran voz de gran multitud en el cielo, que decía: ¡Aleluya! Salvación y honra y gloria y poder son del Señor Dios nuestro**" Ap. 19:1.

CAPÍTULO CINCO

El cordero clava las dos espadas al corazón del gran monstruo marino

En este capítulo la escritura clave es:

"...En aquel día Jehová ...matará al dragón que está en el mar" Is. 27:1c.

En este cúmulo de constelaciones relacionadas vemos a la constelación de Aries sosteniendo a "Las espadas" (hoy erróneamente llamada "Piscis"), las cuales se clavan en el corazón mismo del monstruo marino Cetus, corazón que corresponde a una estrella (par de estrellas que orbitan una alrededor de la otra) variable (voluble como todas las del adversario), y esto es lo que aprendemos de esa estrella llamada "Mira":

La estrella "O", llamada "Mira" significa "El rebelde", y es una estrella variable, ya que: ¡desaparece siete veces en seis años! En ese periodo pasa por varios grados de magnitud, aumentando y disminuyendo. ¡Su variabilidad es tan grande que la hace aparecer altamente inestable! (Luego en la foto se ve que la estrella más grande del par que integra a "Mira" es mayor en su tamaño que la completa órbita de Saturno).

Lo más interesante es que así como al final del Apocalipsis solamente los tres demonios que fungieron como los líderes principales son los que van a terminar en el lago de fuego y azufre: Satanás mismo, el espíritu diabólico del Anticristo y el espírtu diabólico del falso profeta, así también aquí Isaías en realidad menciona a tres seres que han de ser sojuzgados:

"En aquel día Jehová *1)* castigará con su espada dura, grande y fuerte al leviatán serpiente veloz, y *2)* al leviatán serpiente tortuosa; y *3)* matará al dragón que está en el mar" Is. 27:1.

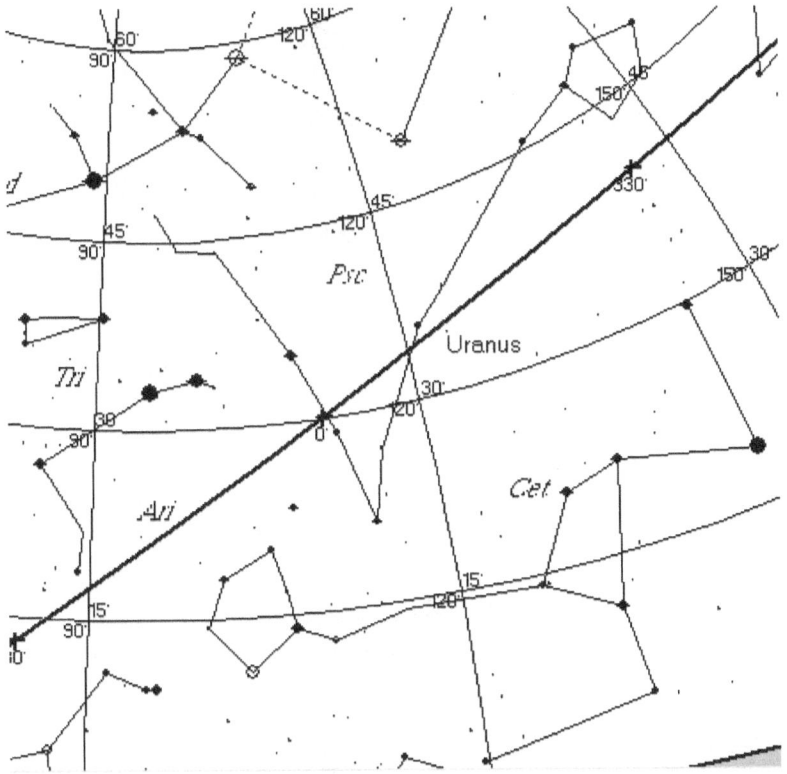

Tenemos ahora a Aries ("Ari") a la izquierda, sujetando con su pata izquierda a las dos "Espadas" (hoy llamadas Piscis: "Psc") y clavándolas ambas, como si fueran estocadas para un toro, en el corazón voluble (por la estrella variable de "Mira") del gran monstruo marino: Cetus ("Cet")

Aquú a la primera yo la equiparo con la constelación de Hydra y espiritualmente con el espíritu del Anticristo, a la segunda con el Draco que quería usurpar su posición en Polaris, siendo este Satanás mismo, y a la tercera precisamente con Cetus, el espíritu del falso profeta que es el que estamos considerando en este momento.

CAPÍTULO SEIS

El héroe frente al toro se esfuerza por vencerlo y también a la fiera mientras produce vida

En la siguiente escena vemos a Orión, el hombre de luz, otra representación de Jesús, enfrentando a Tauro, el cual, representando al Anticristo lo embiste con toda su furia con el propósito de destrozarlo, a su vez el pie de Orión se apresta para también aplastar a otra fiera: Lepus o el lobo menor, que representa al falso profeta; en su esfuerzo por derrotar a ambos, lo que logra producir es un río, un río de aguas de vida para todo aquel que las quiera beber.

Aquí E. W. B. hace un bello estudio estructural diciendo que la siguiente escritura profética se refiere a esta constelación de Orión:

Is. 60:1-3:
a: Levántate,
   b: Brilla; porque ha llegado tu luz,
      c: Y la gloria del SEÑOR se ha levantado sobre ti.
         d: Porque, he aquí, las tinieblas cubrirán la tierra,
         d: Y densa obscuridad a la gente;
      c: Pero el SEÑOR se levantará sobre ti, y Su gloria se verá sobre ti.
   ***b*: Y los Gentiles vendrán a tu luz,**
a: Y reyes al resplandor de tu levantarte.

* Note aquí que:
En a y en *a* tenemos el levantarse de Israel;
En b y en *b* tenemos a la luz que ha llegado sobre ella;
En c y en *c* tenemos a la gloria del SEÑOR; y finalmente:
En d y en *d* tenemos a las tinieblas del mundo (a ser vencidas).

E. W. B. también aplica la siguiente escritura a esta constelación, vemos que Dios, con la ayuda voluntaria de Jesucristo, logra vencer por completo al mal:

"**Jehová saldrá como gigante, y como hombre de guerra**

LAS CONSTELACIONES DEL CRISTO: *¡Los cielos narran su obra de salvación!*

despertará celo; gritará, voceará, se esforzará sobre sus enemigos"
Is. 42:13.

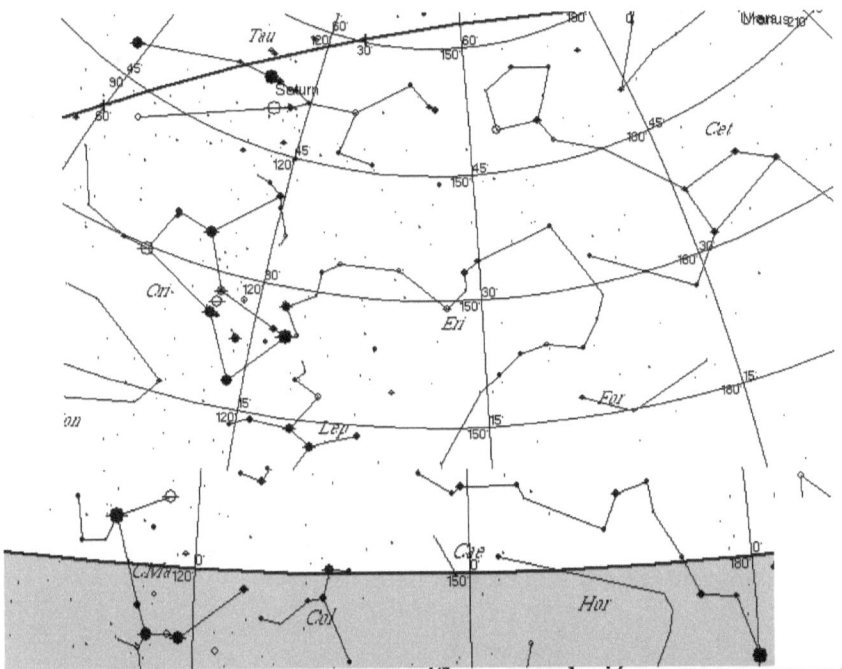

Aquí tenemos a una magnífica constelación que nos presenta a Orión ("Ori"), al luminoso, es decir, a Jesucristo, esforzándose por atravesar el corazón del Toro ("Tau"), aún cuando muera en el intento ya que está justo frente a él, y al mismo tiempo aplasta con su pie la cabeza del lobo menor o Lepus ("Lep") y además fluyen de él y de su vigor masculino ¡el río de la vida de las naciones! ("Eri")

Otros etimologistas dicen que la raíz de la palabra hebrea para esta constelación "Kesil" significa "tonto", ya que al estar enfrente del toro, quien embiste a toda velocidad, aún cuando le atinara al corazón, con la fuerza del toro dicho arquero moriría, y por amor a nosotros eso fue lo que figurativamente hizo Jesucristo.

CAPÍTULO SIETE

El héroe ha cercenado la cabeza del maligno

En esta constelación observamos a nuestro héroe, Jesús, con una gran espada levantada en su mano derecha y en la izquierda sujeta la cabeza del maligno, en la que se encuentra otra estrella variable, que es la marca del maligno, en este caso llamada: Algol.

Como hemos visto en otros casos, como en el caso de "Bo" para "Böötes", E. W. B. asume que aquellos nombres hebreos de atributos y características de los personajes representados en el cielo que los gentiles no entendían, los transformaban en nombres propios de héroes independientes, como en el siguiente caso:

> "Subirá el que abre caminos *(peretz)* delante de ellos; abrirán camino y pasarán la puerta, y saldrán por ella; y su rey pasará delante de ellos, y a la cabeza de ellos Jehová" Miq. 2:13.

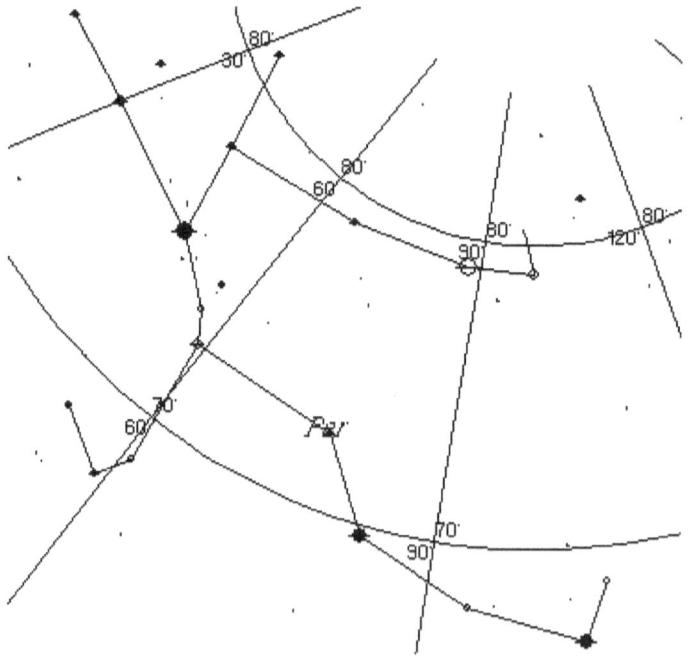

Aquí vemos a Perseo ("Per", o como le dicen de

cariño en el Norte: "Percy"), que es otra representación de Jesús, blandiendo su gran "espada turca" o "machete" mientras sostiene la cabeza cercenada del adversario, la cual contiene otra estrella variable representando al maligno: **Algol**

En referencia a lo voluble o variable de la estrella Algol, esto es lo que aprendemos acerca de ella: Que está continuamente cambiando: en 69 horas cambia de la cuarta magnitud a la segunda, representando así a nuestro gran enemigo, quien se transforma continuamente, para así poder devorar, engañar, y destruir. Se compone de dos estrellas (es por eso una "binaria"): Algol A y B, las cuales orbitan una alrededor de la otra ¡en menos de tres días! Y experimentan un constante intercambio de gases.

CAPÍTULO OCHO

El buen pastor apacienta a sus pequeños mientras el toro perfora su pie derecho

Aquí lo que contemplamos es a un pastor: Auriga, de nuevo representación de Jesús, apacentando a sus ovejas en su regazo mientras que el cuerno superior de Tauro penetra a través de su pié derecho.

La escritura que E. W. B. elige para ilustrar esto es la siguiente:

"Yo salvaré a mis ovejas, y nunca más serán para rapiña; y juzgaré entre oveja y oveja" Ez. 34:22.

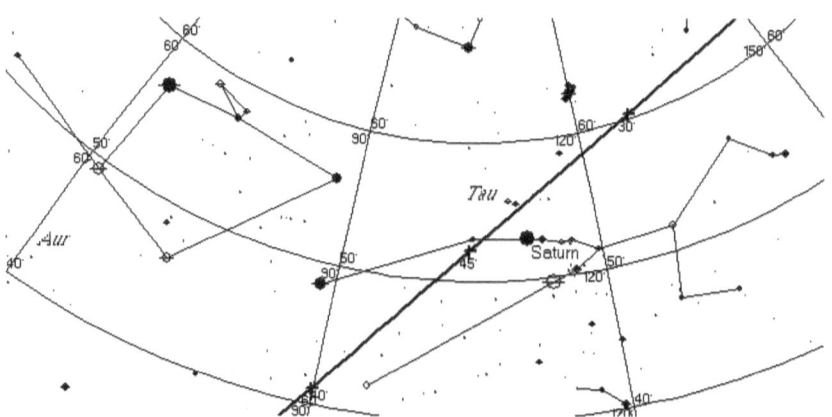

Aquí tenemos al buen pastor o Auriga, que se representa sentado, abrazando en su regazo a dos de su corderitos o cabrillas, mientras que el símbolo de su masculinidad, como lo vemos también con Cefeo y con Böötes, es la punta del triángulo que aquí se ve a la derecha y su pié derecho se posa y es perforado muy cerca del talón por el cuerno superior de Tauro, lo que nos da otro indicio de este toro como representativo del Adversario y sus huestes

CAPÍTULO NUEVE

El barco trayendo a todos los de Israel al reino de Cristo

La escritura que aplicaría a esta constelación del gigantesco barco, Argo, la más grande constelación del mundo antiguo hoy dividida en múltiples fragmentos, es la llegada a la tierra de los creyentes renacidos, ahora transformados y habiendo estado unos siete años en donde mora Dios:

> "De éstos también profetizó Enoc, séptimo desde Adán, diciendo: He aquí, vino el Señor con sus santas decenas de millares, para hacer juicio contra todos, y dejar convictos a todos los impíos de todas sus obras impías que han hecho impíamente, y de todas las cosas duras que los pecadores impíos han hablado contra él ..." Judas vv. 14-15.

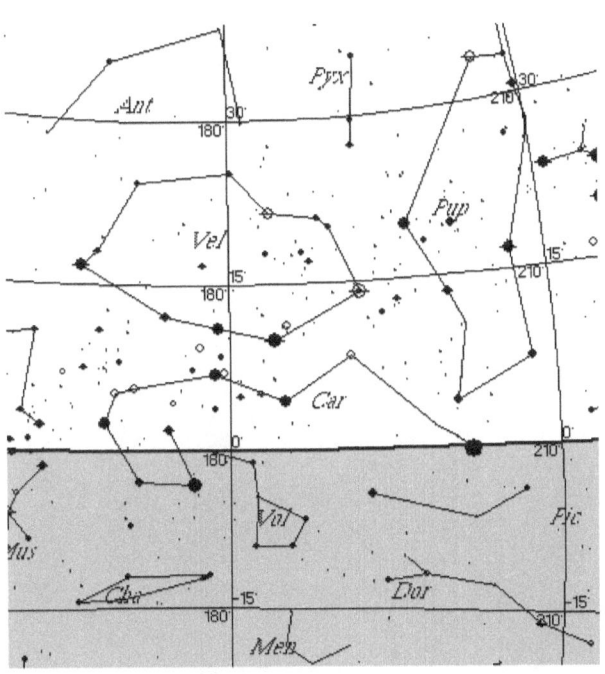

Aquí tenemos los fragmentos en los que subdividieron a la

antigua y gran constelación de Argo ("Vel", "Pup", "Car", "Pyx", etc.), representando al gran barco que figurativamente traerá a los israelitas que actualmente se encuentran en la dispersión

Pero esa escritura bíblica antes citada, también evoca la congregación por parte de Cristo de todos aquellos judíos que ya habiéndole aceptado como rey, desean vivir dentro de su reino que durará mil años.

En la distorsión mitológica, el "vellocino de oro," por el que los Argonautas fueron en su búsqueda, nos habla de un tesoro que se había perdido. "Jasón", el gran capitán de Argo, es indicativo de aquel que lo recuperó de la serpiente cuando nadie más fue capaz de hacerlo, la Hydra lo guardaba con su ojo siempre vigilante. Y así, a través de las fábulas y de los mitos de los griegos, podemos ver que el brillo primigenio de la luz de alguna manera se ha preservado, y puede uno restaurar la identidad verdadera de aquel héroe vencedor: Jesús.

CAPÍTULO DIEZ

El héroe desde su caballo traspasa con su lanza al lobo

Aquí, algunas de las escrituras que E. W. B. ha seleccionado para ilustrar a esta escena, son las siguientes:

"Y entonces se manifestará aquel inicuo, a quien el Señor matará con el espíritu de su boca, y destruirá con el resplandor de su venida..." 2 Tes. 2:8. Así como:

"De su boca sale una espada aguda..." Ap. 19:15.

Lo que E. W. Büllinger investigó acerca de esta constelación es lo siguiente: hoy se le llama Centaurus pero su nombre antiguo era "*Bezeh*" (heb.) (Jamieson, *Atlas Celestial*, 1822) y "*Al Bezé*" (ár.), que en ambos idiomas significa "el despreciado", la misma palabra que se usa para esta víctima divina:

"Despreciado *(bezeh)* y desechado entre los hombres..." Is. 53:3.

Luego, de la constelación que se encuentra entre las patas del caballo que monta Jesús en esta constelación hoy llamada Centauro, E. W. B. anotó lo siguiente: Crux: El nombre hebreo era "*Adom*", que significa "quitado", como en:

"Y después de las sesenta y dos semanas se quitará la vida al Mesías, mas no por sí..." Dan. 9:26a.

La última letra del alfabeto hebreo era Tau, que antiguamente estaba hecha en la forma de una cruz y significa una marca, especialmente una marca de límite, un límite o un final, y es la última letra, la que termina el alfabeto hebreo hasta este día. Su nombre Egipcio apunta a su triunfo final, porque se llama "*Sera*", esto es: ¡victoria!

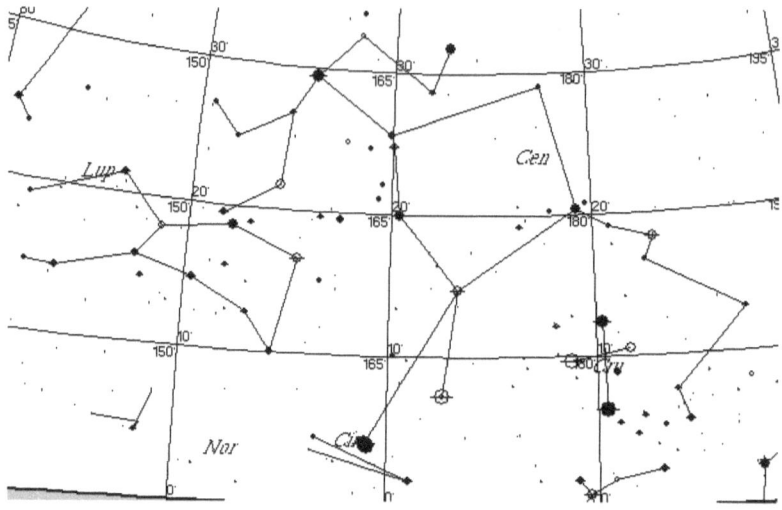

Aquí está la constelación del Centauro ("Cen"), la que en realidad representa a Cristo derrotando a su adversario el lobo Lupus ("Lup"), debajo del caballo se observa a la constelación de la Cruz del Sur ("Cru"), la que representa a la última letra del alfabeto hebreo: la Tau, indicativo del destino final del Adversario: su apresamiento en el "Lago de fuego" para dar paso a los "Nuevos cielos" y "Nueva tierra"

La otra constelación que acompaña al Centauro es: *"Lupus"*: Latín para "Lobo"..., y puede ser cualquier animal en el acto de ir cayendo muerto, vencido. Sus nombres griegos son *"Thera"*, una bestia, y *"Lycos"*, un lobo. Sus otros nombres en Latín son *"Victima"*, o también *"Bestia"*; su nombre hebreo es *"Asedah"*, y en árabe es *"Asedaton"*, y ambos significan ser "Inmolado".

CAPÍTULO ONCE

Leo es el león de la tribu de Judá que vence a la Hydra y la arroja al abismo y entrega su carne a las aves voraces

Esta, aunque ya la habíamos visto en el libro primero, es de tal importancia que de nuevo aquí la abordamos señalando lo siguiente acerca de las constelaciones accesorias a Leo:

Hydra – La serpiente que arrastró a un tercio del cielo es finalmente derrotada por Cristo.

Crater – Una de las siete copas de la ira divina derramada sobre ella, pero también evocativo del confinamiento que experimentará durante mil años, y de su final destino después de ser liberada por un poco de tiempo, en el lago de fuego y azufre.

Corvus – Las aves que habrán de devorar a los suyos.

Algunos versículos elegidos por E. W. B. para ilustrar a las constelaciones colaterales son, para Crater:

"Sobre los malos hará llover calamidades; fuego, azufre y viento abrasador será la porción del cáliz de ellos" Sal. 11:6.

Y:

"...él también [el humano que adore a la bestia] beberá del vino de la ira de Dios, que ha sido vaciado puro en el cáliz de su ira..." Ap. 14:10.

Así como para Corvus:

"Jehová te entregará hoy en mi mano ...y daré hoy los cuerpos de los filisteos a las aves del cielo y a las bestias de la tierra..." 1 Sam. 17:46. Y también:

"Y vi a un ángel que estaba en pie en el sol, y clamó a gran voz, diciendo a todas las aves que vuelan en medio del cielo: Venid, y congregaos a la gran cena de Dios..." Ap. 19:17.

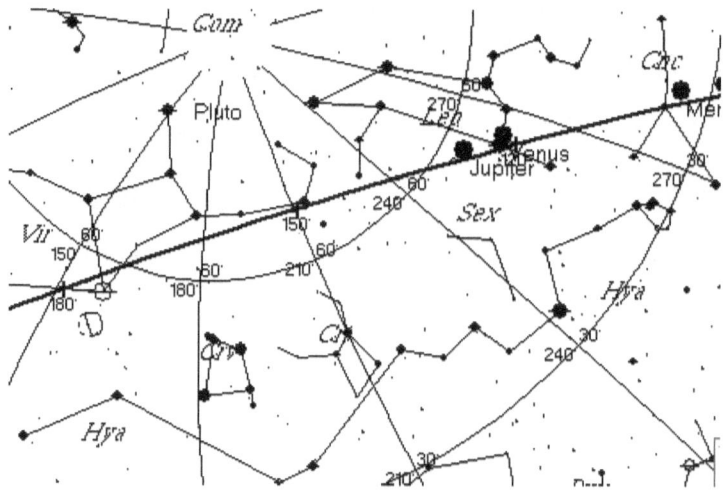

Aquí tenemos de nuevo la escena de Leo derrotando a la Hydra, la cual recibe, no sólo las copas de ira sino que, mientras que su contraparte espiritual va a dar finalmente a el lago de fuego y azufre, además su parte natural, aquellos que le hicieron caso al Adversario, sus cuerpos inertes van a ser consumidos por toda clase de aves carroñeras y de rapiña; además se ve que la burra y su pollino sobre los cuales cabalga Cristo, están posando sus patas justo sobre la cabeza de la Hydra, demostrando con eso la victoria total del Rey

CAPÍTULO DOCE

El rey de reyes Cefeo se sienta a reinar desde su trono con su pie derecho sobre Polaris y con un nombre nuevo en vestidura y muslo

Aquí vemos a un rey sentado con su cetro en su mano derecha y apoyando su pié, el mismo que fuera perforado por la cornamenta del toro, reposando serenamente sobre la estrella Polaris.

"Y en su vestidura y en su muslo *(meron (gr.), yarek (heb.), como en Gn. 24:2, cuando Abraham le pide a su siervo Eliezer que le tocara su "muslo" jurándole encontrarle una buena esposa de entre su parentela)* tiene escrito este nombre: **REY DE REYES Y SEÑOR DE SEÑORES**" Ap. 19:16.

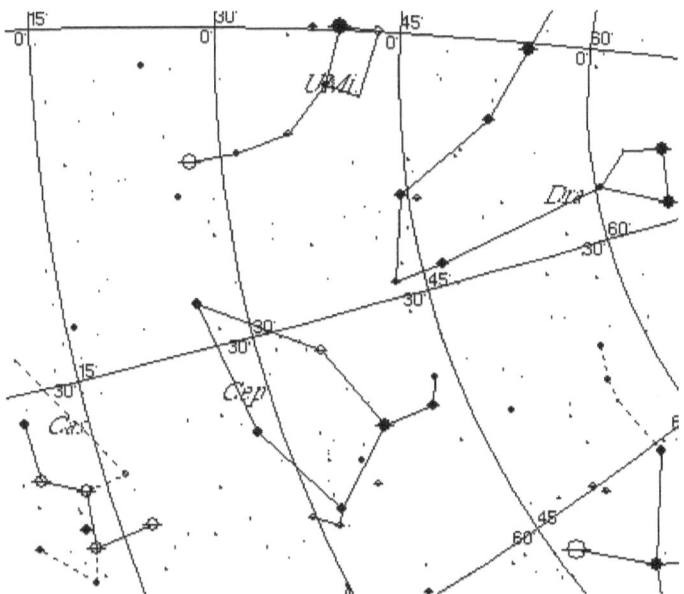

Aquí tenemos una constelación culminante, la del Rey de reyes, llamado aquí: Cefeo ("Cep"), representativo de Cristo, el cual aquí se ve de cabeza, posando su pié derecho sobre la estrella Polar; la estrella de Cefeo "Er ray", en la punta del triángulo es la que sirve de punto de referencia para el resto de las estrellas, a su lado izquierdo se encuentra su compañera, hoy llamada Casiopea ("Cas"), que representa a Israel, la esposa de Cristo

En esta sorprendente constelación tenemos que la estrella que corresponde al centro inferior de su abdomen, es decir, a su masculinidad, que el que lea entienda, la estrella gamma Cepheus, llamada: Er ray, tiene un spectrum estelar el cual es una ancla estable, mediante la cual todas las otras estrellas se clasifican...

CAPÍTULO TRECE

La flecha y el águila cayendo sangrante junto a las conclusiones de poder espiritual

Hay otro conjunto de constelaciones que ocupan un breve espacio en el cielo pero que de nuevo nos narran la historia del último sacrificio del Mesías, en esta ocasión esto se representa con una flecha que atraviesa el corazón del águila la cual va cayendo mortalmente herida mientras que va derramando su sangre:

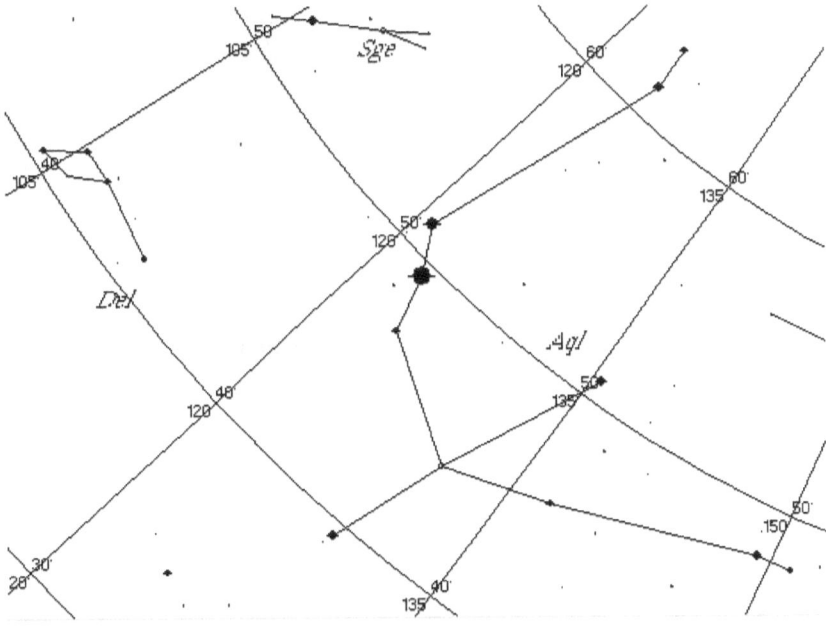

Aquí vemos una escena muy vívida en la que el águila Aquila ("Aql") que representa a Cristo acaba de ser atravesada en su corazón por la flecha Sagitta ("Sge") y en su caída va derramando su sangre ("Del", por lo erróneo del nombre actual para esa pequeña constelación que en realidad representa a lo líquido: "Delfín" o Delphinus)

Y con esta representación me gustaría terminar este libro, ya que resume la entrega de Cristo por nosotros, lo mismo que cada que comemos recordamos: la sangre derramada al beber cualquier líquido y todo sólido que mordemos recordándonos que Jesucristo se partió la… carne misma, como un pan partido, por amor a nosotros que creemos en él y para darnos algo visible, palpable, gustable, de buen aroma y sonido al masticarlo, para que creyentemente al hacerlo: ¡recibamos una y otra vez sanidad y sostenimiento para la vida, y tengamos de que estarle muy agradecidos, tanto a Dios quien diseñó también este plan de sanidad, como a su maravilloso hijo, quien obedientemente lo llevó a cabo en la vida real, es decir, en la práctica con su entrega y que hoy lo sigue llevando a cabo cada vez que hacemos este memorial de su muerte creyentemente!

Recordando siempre que hacemos lo anterior que la prueba fehaciente de su resurrección es que en realidad nosotros recibimos la sanidad física y mental cada que comemos cualquier cosa sólida con un fidelidad creyente, y al recordar que hemos sido completamente perdonados al beber cualquier líquido, eso nos ayuda a seguir caminando con el rostro levantado y muy en alto: ¡sin importar error o pecado pasado alguno!

Entonces, para concluir por lo pronto, he de decir que aquí vimos tan sólo algunas, quizás las más representativas de las constelaciones no eclípticas.

www.ingramcontent.com/pod-product-compliance
Lightning Source LLC
Chambersburg PA
CBHW031430210526
45464CB00005B/2128